图解

家装水电
现场施工

理想·宅 编

中国电力出版社
CHINA ELECTRIC POWER PRESS

内容提要

本书根据水电工工种的特点将内容分成家装水路施工和家装电路施工两大部分，每一部分分别从基础知识入手，详细介绍了水电路施工的理论常识，包括常用的工具、常用的材料及看图、识图等；之后针对实践性的水电现场施工操作和设备安装知识进行了系统而全面的讲解。全书共采用了 600 多张图片，包括施工图、分步现场操作图、设备安装图等，让知识点呈现得更为直观，使读者能够对水电工程从头到尾有一个基本的了解。

图书在版编目（CIP）数据

图解家装水电现场施工 / 理想·宅编 . — 北京：中国电力出版社，2022.1

ISBN 978-7-5198-5971-8

Ⅰ.①图… Ⅱ.①理… Ⅲ.①房屋建筑设备 – 给排水系统 – 建筑施工 – 图解②房屋建筑设备 – 电气设备 – 建筑施工 – 图解 Ⅳ.① TU821-64 ② TU85-64

中国版本图书馆 CIP 数据核字（2021）第 184942 号

出版发行：中国电力出版社

地　　址：北京市东城区北京站西街 19 号（邮政编码 100005）

网　　址：http://www.cepp.sgcc.com.cn

责任编辑：乐　苑　曹　巍（010-63412609）

责任校对：黄　蓓　常燕昆

装帧设计：张俊霞

责任印制：杨晓东

印　　刷：河北鑫彩博图印刷有限公司

版　　次：2022 年 1 月第一版

印　　次：2022 年 1 月北京第一次印刷

开　　本：710 毫米 ×1000 毫米　16 开本

印　　张：14

字　　数：252 千字

定　　价：58.00 元

▶ ▶ ▶ 前言 Preface

　　家装水电工程属于隐蔽工程的范畴，此类工程如果施工质量不过关，一旦出现问题，就需要凿开墙地面进行维修，可能会破坏装修、造成财产损失，严重的甚至会危害人身安全，所以说水电施工的质量是非常重要的。而想要真正地掌握水电施工的技术，不仅需要掌握一定的理论知识，还需要在不断地实践中积累经验。在装修各行业逐渐正规化的今天，一个成熟的水暖工或电工，不仅要能够使用各种工具进行实际施工操作，还要能够看懂图纸、会做预算，对各种需要使用的材料了然于胸，善于处理施工中出现的各种问题，并懂得各工种之间的配合，对专业性、经验的要求非常高。

　　本书由理想 • 宅倾力打造，编写时从水电行业的需求出发，以基础性知识为开端，逐渐过渡到施工及后期安装知识，内容循序渐进，为水电从业者提供一个系统的知识体系。考虑到工种的不同，全书共分为水、电两大部分，采用文字和图片结合的形式，力求让读者更为直观地了解家装水电知识，共采用了 600 多张图片，包括施工图、分步现场操作图、设备安装图等，力求让书中的内容更全面、更系统。特别适合想要从事装修水电施工的现场工人以及技术人员参考学习。读者在阅读本书后，能够对水电工程从头到尾有一个基本的了解，无论是监工还是后期维修都能够做到有的放矢。

　　在本书的编写过程中，查阅了大量的资料并咨询了有行业经验的水电施工人员，但由于编者的水平有限，书中难免有疏漏之处，敬请广大读者批评指正。

编者
2021 年 8 月

►►► 目录 Contents

第一章

水路施工基础知识

　　家装水路工程的质量与人们的健康和居家安全息息相关，而家装水路施工的质量又与工具和材料是密不可分的，因此，了解常用工具的类型、作用以及材料的类型、特点和作用，是掌控水路施工质量的前提。

一 水路施工常用工具

1. 卷尺

钢卷尺又称盒尺，是用来测量长度的工具。钢卷尺的结构是有一定弹性的钢带，卷于金属或塑料等材料的尺盒或框架内。目前，常见的类型有制动式卷尺、摇卷盒式卷尺和摇卷架式卷尺三种。前一种适用于测量短距离，在家装中较为常用；后两种适用于测量长距离，在家装中较少用。

首端是直角的金属钩，用金属钩勾住物体一侧，将尺拉直，即可测量距离

首端为金属拉环，将拉环拉出，零位置于物体一端，即可测量距离，摇动手柄即可将尺子收回盒内

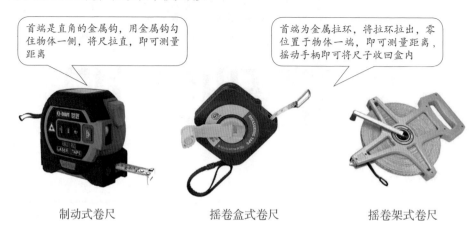

制动式卷尺　　　　　摇卷盒式卷尺　　　　　摇卷架式卷尺

2. 水平尺

水平尺是用来检测或测量水平和垂直度的工具，它既能用于短距离测量，又能用于远距离测量，弥补了水平仪在狭窄地方测量难的缺点，且测量精确，携带方便。分为普通款和数显款两种类型。

将水平尺放在被测物体上，水平尺气泡偏向哪侧，则表示哪侧偏高，即需要降低该侧的高度，或调高相反侧的高度。水泡处于中心，就表示被测物体在该方向是水平的

把水平尺放好，然后选择相应测量模式，按此键后显示屏上方立即显示所选模式的文字。旋转水平尺，就可以读出测量数值

普通款水平尺

数显款水平尺

3. 激光水平仪

激光水平仪是测量水平和垂直度的工具，发射出来的光线有红光和绿光两种，样式有座式和挂墙式两种类型。除以上功能外，水平仪还可用来找平及弹线，水平仪用射出的红外线进行辅助工作，它可以同时射出四条垂直线和一条横线，利用水平仪进行弹线、画线能够使线条更水平、操作更规范。

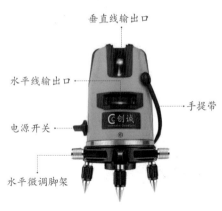

垂直线输出口
水平线输出口
手提带
电源开关
水平微调脚架

激光水平仪

4. 扳手

扳手是一种常用的安装与拆卸工具。它是利用杠杆原理拧转螺栓、螺钉、螺母等螺纹紧持螺栓或螺母的开口的手工工具，通常在柄部的一端或两端制有夹柄的部位施加外力，就能够拧转螺栓、螺母或螺母的开口及套孔。使用时沿螺纹旋转方向在柄部施加外力，就能拧转目标，其种类如下表所示。

图片	名称	作用
	呆扳手	一端或两端制有固定尺寸的开口，用以拧转一定尺寸的螺母或螺栓
	梅花扳手	两端有带六角孔或十二角孔的工作端，适用于工作空间狭小的场合
	两用扳手	一端与单头呆扳手相同，另一端与梅花扳手相同
	钩形扳手	又称月牙形扳手，用于拧转厚度受限制的扁螺母等

图片	名称	作用
	活扳手	开口宽度可在一定尺寸范围内进行调节，能拧转不同规格的螺栓或螺母
	套筒扳手	由多个带六角孔或十二角孔的套筒、手柄、接杆等多种附件组成
	内六角扳手	呈 L 形的六角棒状扳手，专用于拧转内六角螺钉

5. 管剪

在水路改造的过程中，需要对水管管材进行切割，切割的时候建议采用专用的管剪，断管时能够让管轴线垂直、无毛刺。

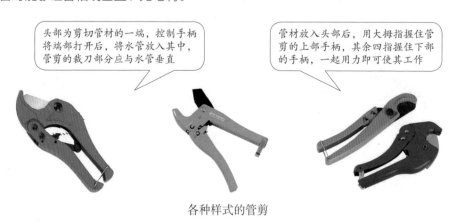

头部为剪切管材的一端，控制手柄将端部打开后，将水管放入其中，管剪的裁刀部分应与水管垂直

管材放入头部后，用大拇指握住管剪的上部手柄，其余四指握住下部的手柄，一起用力即可使其工作

各种样式的管剪

6. 冲击钻

冲击钻是一种打孔的工具，工作时，钻头在电动机带动下不断地冲击墙壁以打出圆孔，依靠旋转和冲击来工作。分为单用冲击钻和多功能冲击钻两种类型。可在混凝土地板、墙壁、木板、多层材料、木材、金属、陶瓷和塑料上进行钻孔。

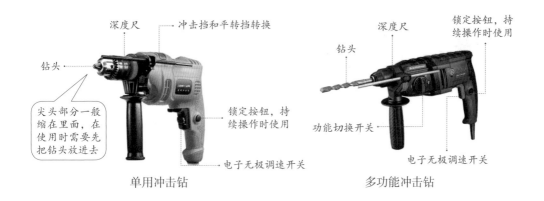

深度尺
冲击挡和平转挡转换
钻头
锁定按钮，持续操作时使用

尖头部分一般缩在里面，在使用时需要先把钻头放进去

锁定按钮，持续操作时使用

电子无极调速开关

深度尺
钻头
功能切换开关
电子无极调速开关

单用冲击钻　　　　　　　多功能冲击钻

7. 墙面开槽机

开槽机主要用于墙面开槽作业，机身可在墙面上滚动，调节滚轮的高度就能控制开槽的高度和深度。

手柄
开关
刀具
深度调节板

墙面开槽机

8. 热熔器

热熔器是一种用于热塑性塑料管材的加热、熔化然后进行连接的专业熔接工具，在管道与配件等连接的过程中，具有重要作用。

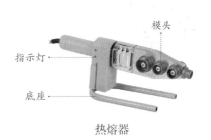

模头
指示灯
底座

热熔器

9. 试压泵

试压泵主要用于水路改造完成后进行打压试验，用来测试管路的封闭程度。

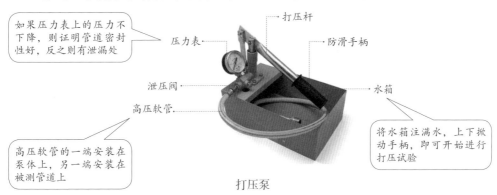

如果压力表上的压力不下降，则证明管道密封性好，反之则有泄漏处

打压杆
防滑手柄
压力表
泄压阀
高压软管
水箱

高压软管的一端安装在泵体上，另一端安装在被测管道上

将水箱注满水，上下掀动手柄，即可开始进行打压试验

打压泵

二 水路施工常用材料

1. 给水管

家装水路施工常用给水管类型如下表所示。

图片	名称	作用
	PPR 水管	PPR 管又叫三型聚丙烯管，既可用作冷水管，也可用作热水管。与传统的管道相比，其具有节能节材、环保、轻质高强、耐腐蚀、消菌、内壁光滑不结垢、施工和维修简便、使用寿命长等优点，施工为热熔连接，快捷、方便且不渗漏，是目前家装水路改造施工中最为常用的一类给水管
	铜水管	铜管耐腐蚀，且抗菌性极佳，是水管中的优等品，但价格高、施工难度大，因此，多被用于如别墅等高档住宅的水路改造工程中。铜水管的安装方式有卡套、焊接和压接三种，卡套式时间长了存在老化漏水的问题，焊接式可永不渗漏，但施工难度高
	铝塑复合水管	铝塑复合水管内外层均为特殊聚乙烯材料，清洁无毒、平滑，中间为铝层，可 100% 隔绝气体渗透，因此，此类水管同时具有金属和塑胶管的优点，质轻、耐用而且施工方便，能够弯曲，但由于金属和塑料受热后膨胀性不同，做热水管时寿命较短，仅 5 年左右
	PB 水管	PB（聚丁烯）水管具有耐磨损、抗冲击、耐高温、安全卫生、节能环保等特点，可作为热水机的冷水管使用。其本身具有自洁功能，能保持水质的卫生、安全，且材质可完全回收，因此其价格较高，在家装水路改造中，使用频率低于 PPR 水管

2.给水管配件

（1）三通

三通为水管管道配件、连接件，主要作用是通过连接管径相同或不同的水管、水管与其他配件等来改变水流的方向。具体类型如下表所示。

图片	名称	作用
	等径三通	三端接相同口径的给水管
	异径三通	三端均接给水管，其中一端为异径口，两端为等径口
	立体三通	用来连接来自多个立面方向的三条给水管，如连接来自地面方向和墙面方向的给水管
	顺水三通	一个端口设计为弧形弯，可分散水的作用力，减少水流阻力，使水压更大，水流更充足
	承口内螺纹三通	也叫作内丝三通，两端接给水管，中间的端口接外牙配件
	承口外螺纹三通	也叫作外丝三通，两端接给水管，中间的端口接内牙配件

（2）弯头

弯头是给水管道安装中常用的一种连接用管件，可使管路做一定角度的转弯，转弯的角度取决于所用弯头的角度，具体类型如下表所示。

图片	名称	作用
	等径弯头	弯头两端的直径相同，可以连接相同规格的两根给水管
	异径弯头	弯头两端的直径不同，可以连接不同规格的两根给水管
	45°弯头	弯头两端所成的角度为45°，即两端管线连接后，转角为45°
	90°弯头	弯头两端所成的角度为90°，即两端管线连接后，转角为90°
	活接内牙弯头	主要用于需拆卸的水表及热水器的连接，一端接给水管，另一端接带有外牙的配件
	带座内牙弯头	可以通过底座固定在墙上，一端接给水管，另一端接带有外牙的配件

续表

图片	名称	作用
	带座外牙弯头	可以通过底座固定在墙上，一端接给水管，另一端接带有内牙的配件
	外牙弯头	无螺纹的一端接给水管，带有外牙的一端接带有内牙的配件
	内牙弯头	无螺纹的一端接给水管，带有内牙的一端接带有外牙的配件
	过桥弯头	两端连接相同规格的给水管，当两路水管相遇时，用在下方，使交叉处弯曲过渡
	S形弯头	主要作用为连接不在一条直线上的两条管路
	U形回水弯头	为热水循环系统而设计，用于热水管路和回水管路的连接

（3）阀门

阀门是用来改变水流方向或截止水流的部件，具有导流、截止、节流、止回、分流或溢流、卸压等功能，在家用给水管路中，阀门的主要作用是在维修管路时截止水流。具体类型如下表所示。

图片	名称	作用
	截止阀	装在阀杆下的阀盘与阀体突缘部位相配合，可以截断、恢复水流
	球阀	球阀以一个中心开孔的球体作为阀芯，旋转球体即可控制阀的开启与关闭，达到截断或接通管路中的水流的目的

（4）直通

直通也叫作直接，属于连接件，连接管路或管路与配件。具体类型如下表所示。

图片	名称	作用
	等径直通	用来连接管径相同的两条管道
	异径直通	也叫作大小头，作用为连接两条不同直径的管道

图片	名称	作用
	外牙直通	一端连接给水管管道，带有外牙的一端连接带有内牙的配件
	内牙直通	一端连接给水管管道，带有内牙的一端连接带有外牙的配件

（5）活接

活接是一种连接件，其一端连接管道，另一端连接配件，连接配件的金属头可进行拆卸，所以叫作活接。使用活接方便拆卸、可更换阀门，如果没有活接，维修时只能锯掉管道。虽然更换方便，但价格比一般配件高。在南方很少使用，在北方用得比较多，如浴室中有些配件经常需要更换就要用活接。具体类型如下表所示。

图片	名称	作用
	内牙活接	用于需拆卸处的安装连接，一端接 PPR 管，另一端接外牙配件
	内牙活接	用于需拆卸处的安装连接，一端接 PPR 管，另一端接内牙配件

11

续表

图片	名称	作用
	双头活接	用于需拆卸处的安装连接，可拆卸结构，两端均接 PPR 管
	全塑活接	全部为 PPR 材质的一种活接，用于需拆卸处的安装连接，可拆卸结构，两端均接 PPR 管
	内牙直通活接	用于需拆卸处的安装连接，一端接 PPR 管，另一端接外牙，主要用于水表连接
	内牙弯头活接	用于需拆卸处的安装连接，一端接 PPR 管，另一端接外牙，主要用于水表连接

（6）堵头

堵头主要用于预留管件的密封。具体类型如下表所示。

图片	名称	作用
	外丝堵	用于预留管道的密封，与内牙配件配合使用

续表

图片	名称	作用
	内丝堵	用于预留管道的密封，与外牙配件配合使用
	管帽	也叫作堵头，平口无螺纹，用于预留管道的密封，可直接扣在预留水管头上

（7）其他配件

除了上面介绍的配件，给水管路还有其他几种常用配件，具体类型如下表所示。

图片	名称	作用
	过桥弯管	也叫绕曲管、绕曲桥，主要作用是桥接，当两组管线呈交叉形式相遇时，上方的管道需要安装过桥弯管，使管线连接而不被另一条管道所阻碍，分为长款和短款
	管卡	管卡是用来固定管道的配件，在暗埋管线时，将管道固定住，避免施工过程中发生歪斜，保护管道，保证在后期封槽时，管道还在原来位置上
	龙头定位器	也叫连体阴弯，主要用于冷热管出水口的定位。在需要安装混水阀的情况下，冷热水管的间距应为150mm，水平差不能大于5mm，龙头定位器的间距即为150mm，使用它后，冷热出水口的间距和水平差更易做到无偏差

3. 排水管

家装水路施工常用排水管类型如下表所示。

图片	名称	作用
	PVC 管	PVC 排水管壁面光滑，阻力小，比重低，可选择的直径规格较多，长度一般为 4m 或 6m，PVC 管是目前家装水路改造工程中排水管的主要类型
	不锈钢管	不锈钢排水管与 PVC 排水管相比，其主要优点为美观、耐用，但价格高，所以常用于有外露需求的情况下，例如，工业风格的居室装修中，此类管材除了作排水管，也有给水管，但因价格高而较少使用

4. 排水管配件

（1）三通

PVC 排水管的三通与 PPR 给水管的三通作用是一样的，都是为了同时连接三根管道。具体类型如下表所示。

图片	名称	作用
	等径三通	用来连接三个口径相同的 PVC 排水管，改变水流的方向
	变径三通	用来连接两个口径相同及一个口径不同的三根 PVC 排水管，改变水流的方向

续表

图片	名称	作用
	斜三通	斜三通中一个管口是倾斜的，支管向左或向右倾斜，倾斜角度为45°或75°
	瓶形三通	形状看起来像一个瓶子，上口细，连接小直径的管道，平行方向和垂直方向的口径一样，连接同样粗细的管道

（2）四通

四通用在四根管路的交叉口，起到将管道连接起来的作用。具体类型如下表所示。

图片	名称	作用
	斜四通	可同时连接位于同一个平面内的四根管道，有等径和变径之分
	立体四通	两个口呈直线，另外两个口呈直角，可连接位于三个平面内的四根管道
	平面四通	平面四通中的两个管口分别向左和向右倾斜，用来连接两根直向和两根斜向的排水管管道

15

（3）弯头

弯头是 PVC 排水管路系统中的一种连接件，用来连接两根管道，使管道改变方向。具体类型如下表所示。

图片	名称	作用
	等径弯头	弯头两端的直径相同，可以连接相同规格的两根给水管
	异径弯头	弯头两端的直径不同，可以连接不同规格的两根给水管
	45°弯头	用于连接管道转弯处，连接两根管道，使管道转角处呈 45°角
	90°弯头	用于连接管道转弯处，连接两根管子，使管道转角处呈 90°角
	U 形弯头	形状为 U 形，分为有口和无口两种，连接两根管道，使管路成 U 形连接

图片	名称	作用
	弯头带检查口	弯头的转角处带有检查口，方便维修

（4）存水弯

存水弯也叫"水封"，是一个连通器，经常用存水弯的部位是坐便器和地漏，使用时会充满水，可以把坐便器或地漏与下水道的空气隔开，防止下水道里面的废水、废物、细菌等通过下水道传到家中，对人的身体健康造成不利影响。具体类型如下表所示。

图片	名称	作用
	S形存水弯	适用于与排水横管垂直连接的场所
	P形存水弯	适用于与排水横管或排水立管水平直角连接的场所
	存水弯带检查口	以上两种存水弯在转弯处带有检查口，便于修理管道

17

（5）其他配件

除了上面介绍的配件，排水管路还有其他几种常用配件，具体类型如下表所示。

图片	名称	作用
	管卡	管卡是用来将管路固定在顶面或墙面上的配件，根据固定位置的不同，款式也有区别，可分为盘式吊卡、立管卡等，盘式吊卡的作用是将管路固定在顶面上，立管卡主要用来将立管固定在墙上
	管口封闭	管口封闭的主要作用是将完工后的 PVC 管道头部封住，保护管道，避免杂物进入管道而堵塞管道，根据管道直径的不同，有不同的型号
	伸缩节	PVC 排水管设置伸缩节是为了防止热涨冷缩，一般在卫生间横管与立管相交处的三通下方设置伸缩节，以保证温度变化时，排水立管的接头与支管的接头不松、不裂
	直接	直接又称套管、管套接头。使用时要注意与水管的尺寸相匹配，当管道不够长时，可以作为连接两根管道的配件来延伸管道
	检查口	检查口是一种带有可开启检查盖的配件，一般装于立管上，在立管与横支管连接处有异物堵塞时，可以将检查口打开进行清理，有的弯头、存水弯等配件上也带有检查口

第二章

水路施工图的识读

水路施工属于隐蔽工程，需要在墙面、地面开槽埋管，走管的路径不仅会影响使用材料的数量、安全性，还会影响使用感，因此不能盲目开工，而需要提前绘制施工图，要想看懂施工图则需掌握识读图纸的相关知识。

一 水路识图常用图例

家装给、排水施工图常用图例如下表所示。

图例	名称	图例	名称
——————	冷水管		淋浴器
— — — —	热水管		洗菜池
	坐便器		地漏
	洗脸盆		烟道
	拖布池		太阳能热水器

二 给水布置图识读

1. 识图要点

（1）厨房、卫生间、阳台等用水场所的位置。

（2）洗脸盆（面盆）、坐便器、洗菜盆、热水器等用水设备的位置及数量。

（3）各管道的管径及标高。

2. 实例解读

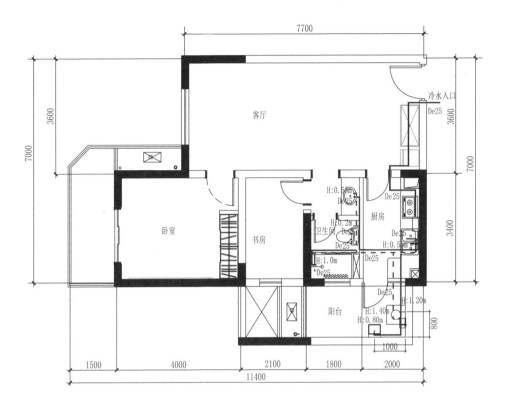

给水布置图

由上图可以看出：

a. 卫生间有 1 个洗脸盆、1 个坐便器和 1 个淋浴头。洗脸盆处接管标高为 0.55m，管径为 De 25；坐便器接管标高为 0.20m，管径为 De 25；淋浴头处接管标高为 1.0m，管径为 De 25。

b. 厨房有 1 个洗菜池和 1 个水表。洗菜池处接管标高为 0.55m，管径为 De 25。

c. 阳台有 1 个太阳能热水器和 1 个拖布池。热水器冷水接管标高为 1.20m，热水接管标高为 1.40m，管径为 De 25。

三 排水布置图识读

1. 识图要点

（1）厨房、卫生间、阳台等需要排水场所的位置。

（2）洗脸盆（面盆）、坐便器、地漏等排水设备的位置及数量。

2. 实例解读

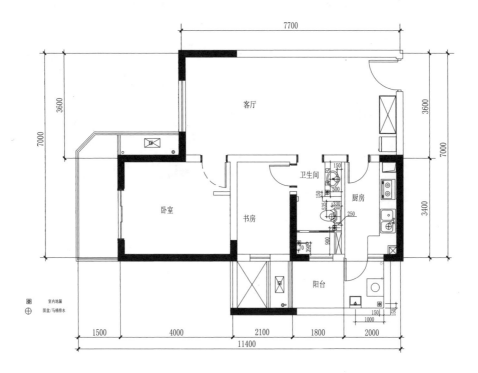

排水布置图

由上图可以看出：

a. 卫生间需要安装排水设备的为洗脸盆和坐便器及3个地漏,地漏分别位于淋浴区内、坐便器旁及洗脸盆旁。

b. 厨房需要安装排水设备的为洗菜池。

四 给水管道的安装要求

（1）家装给水水路改造中所使用的水管，必须符合饮用水管的选择标准。

（2）饮用水不得与非饮用水管道连接，保证饮用水不被污染。

（3）室内给水管道的水压连路由必须符合设计要求。当设计未注明时，各种材质的给水管道系统试验压力均为工作压力的 1.5 倍，但不得小于 0.6MPa。

（4）管道安装时，不得有轴向扭曲，穿墙或穿楼时，不宜强制校正。

（5）给水管道不得穿越卧室、贮藏室，不得穿越烟道、风道。

（6）需要同时安装冷、热水给水管道时，冷、热水管应避免交叉敷设。如遇到必要交叉需用绕曲管连。冷、热水管道的安装位置应为左冷右热。

（7）给水管道应远离热源，立管距灶边净距不得小于 400mm，与供暖管道的净距不得小于 200mm，且不得因热源辐射使管外壁温度高于 40℃。

（8）PPR 管的热熔时间不宜过长，以免管材内壁变形。连接时要看清楚弯头内连接处的间距，如果过于深入会导致管内壁变厚影响水的流量。

（9）当给水管道穿越楼板时，必须设置套管，套管可用塑料管。

（10）各类阀门安装应位置正确且平整。

（11）所有出墙连接设备的管接（内丝直角弯头）必须与墙面垂直。管接安装平面与墙面（含面砖）的伸缩偏差在 3~5mm 的范围内。

（12）给水管道安装完毕后，应根据管道的直径选择适合的管卡或吊架将其固定牢固，管卡与管卡的间距应不大于 600mm。管卡的安装位置应正确，埋设要平整，与管道的接触应紧密，但不能损伤管道表面。

（13）管道安装后一定要进行增压测试。增压测试一般在 1.5 倍水压的情况下进行，在测试中不应有漏水现象。

（14）安装好的水管走向和具体位置都要画在图纸上，注明间距和尺寸，方便后期检修。

五 排水管道的安装要求

（1）暗埋及明装排水或下水管道一律使用PVC管，不得使用软管，接口处必须密封，保证不渗水。

（2）若排水管的安装路径很长（连接厨房和卫生间，或通向阳台等），中间不能有接头，并且要适当放大管径，以避免堵塞排水管道。

（3）安排排水管时，应注意完工后上方不能有重物存在。

（4）排水管立管应设在污水和杂质最多的排水点。

（5）卫生器具排水管与横向排水管支管连接时，可用90°斜三通。

（6）排水管应避免轴线偏置，若条件不允许，可以用乙字管或两个45°弯头连接。

（7）排水立管与排出管端部的连接，可以采用两个45°弯头或弯曲直径不小于管径4倍的90°弯头。

（8）生活污水管不宜穿过卧室、厨房等对卫生要求高的房间，不宜靠近与卧室相邻的内墙。

（9）如果卫生器具的构造内已有存水弯，不应在排水口以下设存水弯。

（10）若选择立柱盆，则立柱盆的下水管安装在立柱内。下水口应设在立柱底部中心，或立柱背后，尽可能用立柱遮挡住。

（11）大容量的用水设备（浴缸、污水盆）排水管的管径不应小于50mm，普通排水管的管径必须大于等于40mm，排水管的连接处必须牢固，不渗水；排水管与排水口的连接必须密封，保证不渗水。

（12）排水横管（D40~D50mm）的标准坡度为0.035，最小坡度为0.025，每米的管道落差最小为25mm，若长度小于1.5mm，可相应降低标准。

（13）管道安装好以后，通水检查，用目测和手感的方法检查有无渗漏。查看所有龙头、阀门是否安装平整，开启是否灵活，出水是否畅通，有无渗漏现象。查看水表是否运转正常。没有任何问题后才可以将管道封闭。

第三章
水管连接

水管的连接在家装水路改造中是非常重要的一项工作，主要包括 PPR 给水管的热熔连接以及 PVC 排水管的粘接，连接程度的好坏直接影响工程质量的好坏，若连接操作不当则会导致漏水，会增加工作量、延长工期且非常麻烦，因此，了解其施工工艺标准是非常有必要的。

一 PPR 给水管热熔连接

步骤一　准备工具

（1）如下图所示，准备好所需工具，包括管材、管件、热熔器、模具头、管剪、记号笔等。而后将热熔器架在支架上，检查模具头是否完整，然后用螺丝安装模具头，使用六角扳手拧紧。

准备工具

安装热熔器支架

（2）将热熔器插上电源，待热熔器加热，如下图所示，绿灯亮表示正在加热，红灯亮表示加热完成，可以开始工作。（PPR 管的加热温度为 260~270 ℃；PE 管的加热温度为 220~230 ℃）

安装模具头

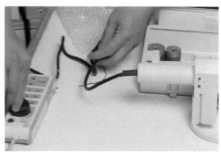

热熔器预热

步骤二　裁切管材

如下图所示，用剪刀垂直剪出所需长度的管材，在剪切过程中应保持断口平整不倾斜，裁切完成后，用干净的毛巾或棉布将管材及熔接口的灰尘及污垢擦干净，否则容易导致热熔失败。

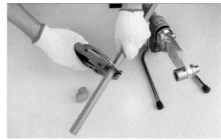

裁切管材

步骤三 热熔连接入户水管及管件

（1）热熔90°弯头：先将热熔器预热，然后将90°弯头插入热熔器模具头凸面，PPR管插入热熔器模具头凹面，匀速向内推进。调整90°弯头连接PPR管的角度。这里有一个小技巧，可将弯头上凸起的线条和PPR管的红色线条对齐，便于连接。

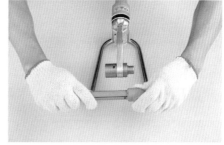

90°弯头热熔连接步骤

（2）将水管配件热熔连接到入户水管：将热熔连接好的90°弯头配件连接到入户水管的位置，注意保持横平竖直，如下图所示。

90°弯头热熔连接步骤

步骤四　热熔连接水管总阀门

如下图所示，热熔器的模具头两端分别热熔 PPR 给水管和金属阀门，取出热熔器后，将两端匀速推进热熔到一起，并保持金属阀门在水平方向平直。

热熔连接水管总阀门

步骤五　向厨房、卫生间等处热熔连接给水管分支

（1）热熔连接直接接头：如下图所示，热熔器预热，准备好后将 PPR 管匀速插入左侧的热熔器模具头，将直接接头匀速插入右侧热熔器模具头。插入时要同时进行，既不可旋转，又不可速度过快。将 PPR 管和直接接头拔出后，快速将两者连接在一起。连接的过程保持 PPR 管和直接接头的平直。

热熔连接直接接头

（2）热熔连接过桥弯头：如下图所示，先将热熔器预热，然后将过桥弯头插入热熔器模具头的凸面，将 PPR 管插入热熔器模具头的凹面，并匀速向内推进，推进至顶端后停留 1~2s，然后迅速拔出。将过桥弯头凸起的细线对准 PPR 管的红色细线，推进连接到一起。

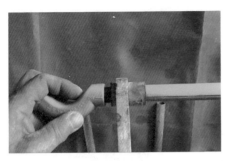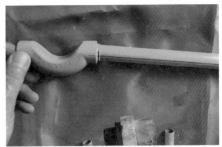

热熔连接过桥弯头

（3）热熔连接三通：如下图所示，先连接三通"T"字接头的一端，匀速地将三通和 PPR 管插入热熔器模具头，迅速拔出后，将两端接头热熔连接到一起。待晾干后再热熔连接三通的垂直接口，也就是第 2 根 PPR 管，最后待晾干后热熔连接最后一个接口的 PPR 管。

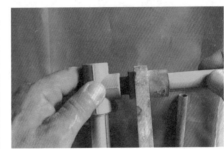

热熔连接三通

（4）检查热熔接口：热熔连接完成后，检查连接质量，先看热熔处是否出现胶圈，胶圈的形状越好，说明热熔连接的质量越高。检查无误后，将给水管分支固定到墙面上。

步骤六　热熔连接各处用水端口的内丝弯头

（1）内丝弯头热熔连接三通：如下图所示，先将三通的垂直端口与内丝弯头热熔连接到一起，然后剪去PPR管多余的管头，将热熔好的内丝弯头管件热熔到PPR管中，使内丝弯头嵌入墙面凹槽里，最后热熔连接上面的PPR管。

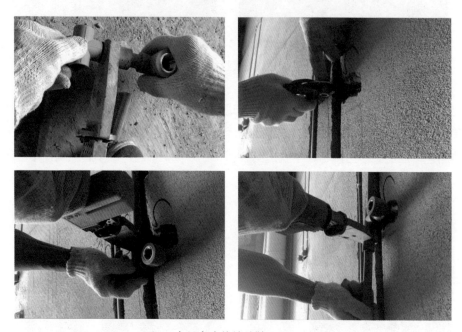

内丝弯头热熔连接三通

（2）热熔连接双联内丝弯头：如下图所示，双联内丝弯头主要用于淋浴花洒的位置。先将双联内丝弯头和两根等长的PPR管平放在地面上，依次热熔连接到一起。然后再将组合好的管件热熔到墙面的凹槽里。这种方式可降低施工难度，且足以保证双联内丝弯头和PPR管的垂直。

热熔连接双联内丝弯头（Ⅰ）

热熔连接双联内丝弯头（Ⅱ）

步骤七　安装堵头和金属软管

如下图所示，所有的 PPR 管热熔连接好之后，在每一个内丝弯头处安装堵头和金属软管，使给水管形成封闭回路，以便后续做打压测试。

安装堵头和金属软管

二 PVC 排水管粘接

步骤一 测量，画线，标记

如下图所示，测量排水管铺装长度，并用记号笔标记。因为切割机的切割片有一定的厚度，所以在管道上做标记时需多预留 2~3 mm，确保切割管道长度足够。

记号笔标记长度

步骤二 切割 PVC 排水管

（1）使用切割机切割排水管：如下图所示，将标记好的管道放置在切割机中，标记点对准切片，匀速缓慢地切割管道，切割时确保与管道呈 90°角。切割后，迅速将切割机抬起，防止切片过热烫坏管口。

（2）使用锯子切割较细排水管：如下图所示，对较细的排水管或细节处的排水管进行切割，可用锯子锯。操作过程中，用手握住排水管的一端，另一端排水管抵住地面，然后使用锯子呈 90°角垂直锯断排水管。

切割 PVC 排水管

步骤三　擦拭 PVC 排水管管口

如下图所示，用抹布将切割好的管道擦拭干净，旧管件必须使用清洁剂清洗粘接面。

擦拭 PVC 排水管管口

步骤四　涂刷胶水

如下图所示，先在管道待粘接面内侧均匀地涂抹胶水，涂抹深度为排水管粘接的深度。然后在管道待粘接面外侧涂抹胶水，长约 1cm，胶水涂抹需均匀，厚度保持一致。

PVC 排水管涂刷胶水

步骤五　粘接排水管及配件

如下图所示，将配件轻微旋转着插入管道，完全插入后，需要固定 15s，待胶水晾干后安装到具体的位置。

粘接排水管及配件

三 管道的螺纹连接

1. 螺纹连接

步骤一 套制管段

如下图所示，根据管段测量尺寸，按照要求套制出管段，将有螺纹的配件与管段热熔连接起来。

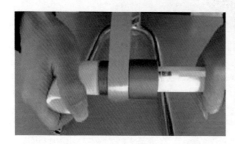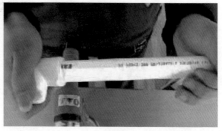

热熔连接内螺纹弯头

步骤二 连接螺纹与配件

为外牙配件缠上生料带，用手将需要连接的配件旋在带螺纹配件的管段上，以用手能拧紧 2~3 扣为宜，再用管钳拧紧 3~4 扣螺纹，拧配件时按顺时针方向拧。

连接内牙弯头与外牙配件

步骤三 进一步固定阀门与螺纹管段

一人首先用管钳夹住已拧紧的配件的一端，另一人用管钳拧紧管段。前者要保持配件位置不变，因而用力方向为逆时针，后者按顺时针方向慢慢拧紧管段即可。

2. 活接头连接

如下图所示，活接头由三个单件组成，即公口、母口和套母。公口一头带插嘴与母口承嘴相配，另一头带内螺纹与管子外螺纹连接。母口一头带承嘴与公口插嘴相配，另一头带内螺纹与管子外螺纹连接。套母外表面呈六角形，内表面有内螺纹，内螺纹与母口上的外螺纹配合。

活接头的结构

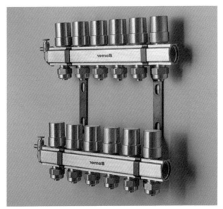
集分水器活接头安装

3. 锁母连接

锁母连接也是管道连接中的一种活接形式，锁母的形状是一端带内螺纹，另一端有一个与管外径相同的孔，外观是一个六边形。连接时，先从锁母有一个小孔的一头把管子穿进，再把管子插入要连接的带外螺纹的管件或控制键内，再在连接处充塞填料，最后用扳手将锁母锁紧在连接件上。

锁母组件

四 管道的卡套连接

步骤一　检查和清洗

安装前对卡套式接头进行检查和清洗。

步骤二　切割管材

切割所需尺寸的管子，要求管端平齐、整洁，端面与管子中心线垂直，刮净管口内、外的毛刺。

步骤三　进一步固定阀门与螺纹管段

把连接的管子套进螺母和卡套，将管子插入接头体，用扳手拧紧螺母，使压紧环变形，夹紧管子，使管子端面缩小与密封环形成密封状态。

管道的卡套连接

第四章

水路现场施工

　　水路现场施工主要包括水路管道在厨房、卫生间内的布置、开槽以及安装，工程较为隐蔽，涉及后续管道是否漏水等问题。在发现问题时要及时更改，若施工结束后才发现问题再更改则容易造成物力、财力的浪费。

一 水路施工工艺流程

查看施工图纸,掌握不同水管的情况	根据图纸在墙面上画线	顺着线在墙面开槽,不同位置开槽深度不同	给不同水管安排合理的位置

1. 水路定位   2. 水路画线   3. 水路开槽   4. 水路布管

8. 闭水试验   7. 二次防水   6. 水路封槽   5. 打压试水

在空间内蓄水,试验地面防水工作是否成功	涂刷第二次防水,保证厨房、阳台等重点区域的防水	从地面开始封槽,保证平整	打压来检测水管的流通性

二 水路定位及画线

1. 水路定位

水路施工定位的目的是明确一切用水设备的尺寸、安装高度及摆放位置,以免影响施工过程及水路施工要达到的使用目的。定位的过程即根据施工图纸上所标示出来的用水设备的位置和高度,将管路的走向和进水口、出水口的位置等,用粉笔或者黑色墨水笔在墙面上标出位置,具体步骤如下。

步骤一　查看现场

（1）对照水路布置图（由设计公司提供）以及相关橱柜水路图（由橱柜公司提供），查看现场实际情况。

（2）查看进户水管的位置，以及厨房、卫生间的下水口数量、位置；查看阳台的排水立管以及下水口的位置。

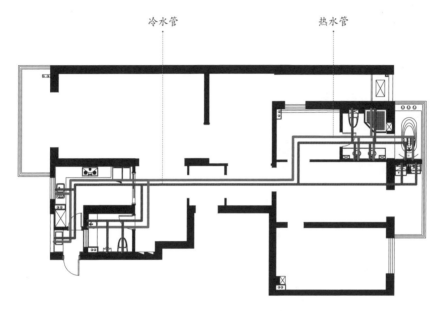

水路布置图

步骤二　定位

（1）从卫生间或厨房开始定位（离进户水管最近的房间开始）。先定冷水管走向、热水器的位置，再定热水管走向。

（2）在墙面标记出用水洁具、厨具的位置，包括热水器、淋浴花洒、坐便器、浴缸、小便器以及水槽、洗衣机等，具体尺寸如下页表格所示。

（3）根据水路布置图，确定卫生间、厨房改造地漏的数量，以及将要改动的位置；确定坐便器、洗手盆、水槽、拖布池以及洗衣机的排水管位置。

步骤三　估算材料

估算出水管的用量、水管零部件的数量，提供给业主，通知材料进场。

定位示意图	名称	高度 / mm
	电热水器	离地 1700~1900
	燃气热水器	离地 1300~1400
	洗脸盆	离地 500~950
	坐便器	离地 250~350
	浴缸	离地 750

续表

定位示意图	名称	高度 / mm
	淋浴花洒	离地 1000~1100
	小便斗	离地 600~700
	厨房水槽	离地 500~550
	洗衣机	离地 850~1100
—	蹲便器	离地 1000~1100
—	按摩式浴缸	离地 150~300
—	拖布池	离地 650~750

2. 画线

画线的具体操作为将定位后的出水口，按照管线的敷设路径，用直线全部连接起来，在墙面、地面和顶面上用线标示出全部的管路走向，具体步骤如下。

步骤一 弹水平线

进行画线操作时，需先弹水平线，这里需要使用激光水平仪进行辅助操作。如下图所示，将水平仪调试好，根据红外线用卷尺在两头定点，一般离地1000mm。再根据这个点给其他方向的墙上做标记，最后按标记的点弹线。

挂墙式激光水平仪找平

步骤二 设计水管走向

根据进户水管、水管出水端口的位置，设计水管的走向。根据不同的情况，开槽走管可分为地面走水管与墙面走水管两种。通常，多设计为竖向走管。

步骤三 墙面弹线

如下图所示，墙面水管弹线画双线，冷热水管画线需分开，彼此之间的距离保持在200mm以上300mm以下。

步骤四 顶面弹线

如下图所示，顶面水管弹线画单线，标记出水管的走向。顶面水管不涉及开槽的问题，因此画单线。

墙面弹线

顶面弹线

步骤五　地面弹线

地面水管弹线画双线，线的宽度根据排布的水管数量决定。通常，一根水管的画线宽度保持在 40mm 左右，以此类推。

三　水路开槽

步骤一　掌握开槽深度

水管开槽的宽度是 40mm，深度保持在 20~25mm 之间。冷热水管之间的距离要大于 200mm，不能垂直相交，不能铺设在电线管道的上面。

步骤二　墙面开槽

如下图所示，用开槽机开槽时，走向为从左向右、从上到下。过程中，需不断向开槽处喷水，以防止刀具过热并减少灰尘。对于一些特殊位置及特殊宽度的槽，可使用冲击钻。

开槽机开槽

冲击钻开槽

四 水路布管

1. 给水管路布管

步骤一 敷设顶面给水管

如下图所示，先安装给水管吊卡件，每组吊卡件间距 400~600mm，然后敷设给水管。给水管与吊顶间距离保持在 80~100mm 之间，并且与墙面保持平行。

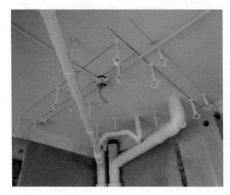 

敷设顶面给水管

步骤二 敷设墙面给水管

（1）交叉管路的处理：如下图（左）所示，当墙面中的水管需要交叉连接时，增加过桥弯头和三通，并将过桥弯头安装在三通的下面，避免凸出墙面。

（2）热水器进水端口的安装：如下图（右）所示，热水器进水端口使用承口内螺纹弯头和三通连接，端口以上的位置不影响连接水管。

交叉管路的处理　　　　　　　　　安装热水器进水端口

（3）洗手盆冷、热水端口安装：如下图（左）所示，洗手盆冷、热水端口使用承口内螺纹弯头连接，两个端口之间保持 150~200mm 的间距。

（4）连接支路水管：如下图（右）所示，使用三通连接支路水管，并采用一次性热熔连接到位的方式，使其嵌入墙面凹槽中。

安装洗手盆冷、热水端口　　　　　　　　连接支路水管

（5）安装淋浴软管：如下图所示，淋浴冷、热水端口使用双联内丝弯头连接，连接好之后安装软管使冷、热水管形成闭合管路。

安装淋浴软管

步骤三　敷设地面给水管

（1）当水管的长度超过 6000mm 时，需采用 U 形施工工艺。U 形管的长度不得低于 150mm，不得高于 400mm。

（2）地面管路发生交叉时，次管路必须安装过桥弯头并安在主管道的下面，使整体管道分布保持在同一水平线上。

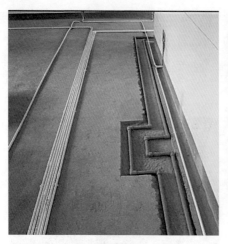
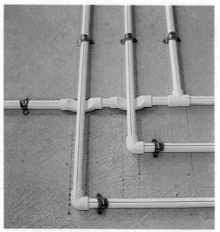

U 形敷设   十字交叉敷设

2. 排水管路布管

步骤一　敷设坐便器排污管

（1）如图所示，改变坐便器排污管位置最好的方案是与楼下业主协商，从楼下的主管道开始修改。

修改排污管位置

（2）如下图（左）所示，坐便器改墙排水时，需在地面、墙面开槽，将排水管全部预埋进去，并保持轻微的坡度。

（3）如下图（右）所示，下沉式卫生间，坐便器排水管的安装，需有轻微的坡度，并用管夹固定。

坐便器设计为墙排水　　　　　　　下沉式卫生间排污管敷设

步骤二　敷设洗手盆、水槽排水管

（1）如下图所示，水槽排水需靠近排水立管安装，并预留存水弯。

修改排污管位置

（2）如下图所示，墙排式洗手盆，排水管高度在 400~500mm 之间。

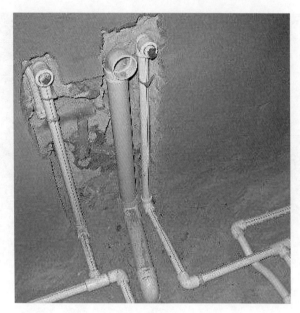

洗手盆墙排水

（3）如下图所示，普通洗手盆的排水管，安装位置距离墙面 50~100mm。

洗手盆地排水

步骤三　敷设洗衣机、拖布池排水管

（1）如下图所示，洗衣机排水管不可紧贴墙面，需预留出 50mm 以上的宽度。洗衣机旁边需预留地漏下水管，以防止阳台积水。

（2）如下图所示,拖布池下水不需要预留存水弯,通常安装在靠近排水立管的位置。

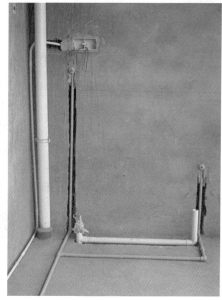

洗衣机排水管　　　　　　　　　　　　　拖布池排水管

步骤四　敷设地漏排水管

如下图所示，所有地漏的排水管粗细需保持一致，即采用统一尺寸的地漏排水管。

地漏排水管

五 打压试水

步骤一　封堵出水口

如下图所示，关闭进水总阀门，封堵所有出水端口。

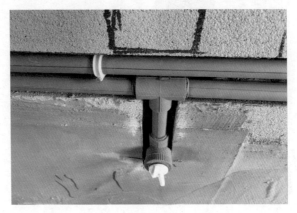

安装堵头

步骤二　连接冷、热水管

如下图所示，用软管将冷、热水管连接起来，形成一个圈。

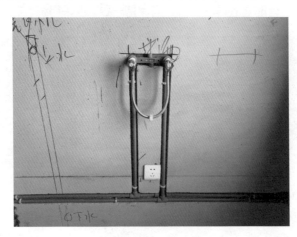

软管连接冷、热水管

步骤三　连接打压泵

如下图所示，连接打压泵，将打压泵注满水，将压力指针调整在 0 上。

连接打压泵

步骤四　开始测压

如下图所示，开始测压，摇动压杆使压力表指针指向 0.9~1.0 之间（此刻压力是正常水压的 3 倍）保持这个压力一定的时间。不同的管材的测压时间不同，一般在 30min~4h 之间。

开始测压

步骤五　查看结果

测压期间逐个检查堵头、内丝接头，看是否渗水。打压泵在规定的时间内，压力表指针没有丝毫下降，或下降幅度保持在 10% 左右，说明测压成功，反之，则证明管路有渗漏之处，应及时查找并进行修理，而后再次进行打压测试，直到合格为止。

六 水路封槽

步骤一 封堵出水口

水管线路经打压测试没有任何渗漏后，才能够进行封槽。如下图所示，水管封槽前，应检查所有的管道，对有松动的地方进行加固。

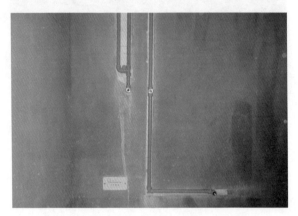

安装堵头

步骤二 选择适合的封槽材料

如下图所示，水路封槽多使用水泥砂浆，而电路封槽可根据情况选择使用水泥砂浆或石膏。

当管槽的深度大于 30mm 时，必须用水泥砂浆来封槽，厨房和卫浴间因为后期要贴砖，也必须使用水泥封槽，以使铺砖用的水泥砂浆与槽线结合得更为结实、紧密。

因为建筑结构或其他原因，有的地方会存在深度小于 30mm 的浅槽，此类管槽适合用石膏来封槽。

水路使用水泥砂浆封槽

电路使用水泥砂浆封槽

步骤三　封槽

水泥封槽使用的是 1∶1 的水泥砂浆，涂抹时水泥砂浆应低于墙面 8~10mm，以便后续刮腻子时处理平整，表面要用水泥砂浆批粉，并要贴布防开裂；给水管封槽时，要给热水管预留一些膨胀空间。

水泥砂浆封槽

七　二次防水

步骤一　准备丙纶防水布

（1）根据卫生间的长、宽尺寸裁剪丙纶防水布，然后预铺设到卫生间中，并检查裁剪尺寸是否合理。若合理，将丙纶防水布收起来，准备下一步。

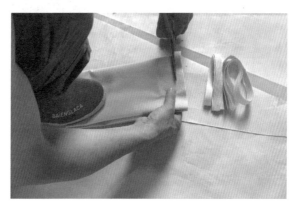

裁剪丙纶防水布

（2）如下图所示，丙纶防水布铺设到边角位置，预留出 300~400mm 的长度，叠放整齐，准备铺设到墙面上。

丙纶防水布的边角处理

（3）如下图所示，丙纶防水布在铺设的过程中，遇到下水管道的位置，用剪刀剪出豁口，套进管道。

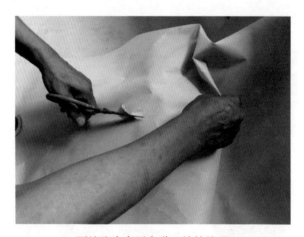

丙纶防水布下水道口处的处理

步骤二 搅拌防水涂料

如下图所示，搅拌防水涂料时，先将液料倒进容器中，再将粉料慢慢加入，使用搅拌器充分搅拌 3~5min，形成无生粉团和颗粒的均匀浆料即可。

搅拌防水涂料

步骤三　涂抹防水涂料

如下图所示，在卫生间的地面上洒水，以阴湿地面；墙面高 300mm 左右的位置
也需要洒水阴湿，然后将搅拌好的防水涂料倒在地面上，涂抹均匀，保持 2~3mm 的
厚度。

涂抹防水涂料

步骤四　铺贴丙纶防水布

（1）将预先准备好的丙纶防水布按照顺序铺设到卫生间中，并用防水涂料将丙纶
防水布粘贴好。

（2）如下图（左）所示，在铺设丙纶防水布的过程中，将底部的气泡排干净，使之与防水涂料均匀接触。

（3）如下图（右）所示，墙边的丙纶防水布在铺贴前，需均匀涂抹防水涂料，起到黏合剂的作用，然后铺贴到墙面上。

铺贴丙纶防水布

步骤五 继续涂刷防水涂料

（1）如右图所示，待丙纶防水布全部铺贴之后，在布料的表面再次填充防水涂料，形成一层防水涂料、一层丙纶防水布、一层防水涂料的三重防护效果。

涂抹防水涂料

（2）如右图所示，填充的防水涂料需要刮平，使凹凸不平的表面平整。平整后的防水涂料有明亮的反光层。

防水涂料涂刷效果

八 闭水试验

步骤一 封堵排水口、门口

（1）二次防水施工完成后,过24h 开始做闭水试验。如下图所示,首先需封堵地漏、面盆、坐便器等排水管管口。封堵管口可采用胶带粘贴,可使用塑料袋装满沙子,还可采用专业的地漏盖封堵。

封堵排水口

（2）如下图所示,封堵卫生间门口,制作挡水条。可将丙纶防水布裁剪后卷在一起,作为挡水条使用; 红砖砌筑的挡水条一样可起到良好的效果,但施工相对麻烦一些。

封堵卫生间门口

步骤二 蓄水

（1）使用卫生间内的软管向里面蓄水。如下图所示，水位不可超过挡水条的高度，以防止水漫出，水的深度保持在5~20cm，并做好水位标记。闭水试验的时间为24~48h，这是保证卫生间防水工程质量的关键。

（2）如下图所示，第一天闭水试验后，检查墙体与地面，看水位线是否有明显下降，仔细检查四周墙面和地面有无渗漏现象。

观察水位有无变化

（3）第二天闭水试验完毕，全面检查楼下天花板和屋顶管道周边。联系楼下业主，从楼下观察是否有水渗出。如下图所示，如管道根部周围的顶面渗水，则说明防水失败。

楼下管道根部周围顶面若渗水，说明防水失败

第五章

水暖现场施工

　　水暖施工包括地暖施工和散热片施工两部分，地暖施工在水路施工完成后进行，通常在卫生间闭水试验成功后开始铺设地暖。相较于水路施工来说，地暖施工覆盖面积更大。散热片施工则主要集中在局部区域，它们的主要作用是为室内提供热量，因此，施工质量与生活质量息息相关。

一 地暖施工

1. 组装分集水器

步骤一　固定主管

如下图所示，将分集水器的配件摆放在一起，然后将两根主管平行摆放，并用螺丝固定在支架上。

固定主管

步骤二　连接活接头

如下图所示，在分集水器的活接头上依次缠绕草绳和生料带，每种至少缠绕 5 圈以上，然后将活接头与主管连接并拧紧。

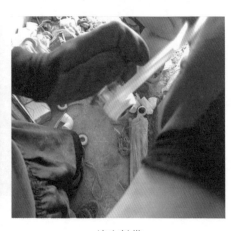

缠草绳　　　　　　　　　　　　缠生料带

2. 铺设保温板

保温板的铺设分为边角和底层两部分。边角保温板沿墙粘贴专用乳胶，要求粘贴平整、搭接严密。底层保温板缝处要用胶粘贴牢固，如下图所示。

铺设底层保温板

3. 反射铝箔层、钢丝网铺设

步骤一　铺设反射铝箔层

如下图所示，先铺设铝箔层，在搭接处用胶带粘住。铝箔纸的铺设要平整、无褶皱，不可有翘边等情况。

铺设铝箔层

步骤二　铺设钢丝网

在铝箔纸上铺设一层 $\phi 2$ 的钢丝网，间距为 100mm×100mm，规格为 2m× 1m，铺设要严整、严密，钢网间用扎带捆扎，不平或翘起的部位用钢钉固定在楼板上。

4.地暖管铺装

如下图所示，地暖管要用管夹固定在苯板上，固定点间距不大于 500mm（按管长方向），大于 90° 的弯曲管段的两端和中点均应固定。需注意的是，当地暖安装工程的施工长度超过 6m 时，一定要留伸缩缝，防止在使用时由于热胀冷缩而导致地暖管道龟裂，从而影响供暖效果。地暖布管的方式主要有三种，具体如下表所示。

地暖管铺装

图片	名称	特点
	螺旋形布管法	产生的温度通常比较均匀，并可通过调整管间距来满足局部区域的特殊要求，此方式布管时管路只弯曲 90°，材料所受弯曲应力较小
	迁回型布管法	产生的温度通常一端高，另一端低，布管时管路需要弯曲 180°，材料所受应力较大，适用于较狭小的空间
	混合型布管法	混合布管通常以螺旋型布管方式为主，迁回型布管方式为辅

5. 压力测试

步骤一　检查加热管

检查加热管有无损伤、间距是否符合设计要求，若没问题，可进行水压试验。

步骤二　打压

如下图所示，使用打压泵试压，试验压力为工作压力的 1.5~2 倍，但不小于 0.6MPa，稳压 1h 内，压力降不大于 0.05MPa，且不渗、不漏为合格。

地暖打压

6. 浇筑填充层

步骤一　回填水泥砂浆

如下图所示，地暖管验收合格后，回填水泥砂浆层，加热管保持不小于 0.4MPa 的压力。

回填水泥砂浆

步骤二　抹平砂浆

（1）如下图所示，人工将回填的水泥砂浆层抹压密实，不得用机械振捣，不许踩压已铺设好的管道。

（2）水泥砂浆填充层风干，达到养护期后，再对地暖管泄压。

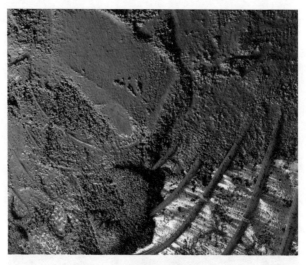

人工抹平砂浆

 散热片施工

1. 散热片组对

步骤一　检查散热片的数目

组对前，应根据散热片型号、规格及安装方式进行检查核对，并确定单组散热片的中片和足片的数目。

步骤二　清理散热片

用钢丝刷除净对口及内螺纹处的铁锈，并将散热片内部的污物清理干净，右旋螺纹（正螺纹）朝上，按顺序涂刷防锈漆和银粉漆各一遍，并依次码放（其螺纹部分和连接用的对丝也进行除锈并涂上润滑油）。散热片每片上的各个密封面应用细纱布或断锯条打磨干净，直至露出全部金属本色。

步骤三　组装散热片

（1）按统计表的片数及组数，选定合格的螺纹堵头、对丝、补芯，试扣后进行组装。

（2）柱形散热片组对，一般14片以内用两个带足片（即两片带腿），15~24片用3个带足片，25片以上用4个带足片，且均匀安装。

（3）组对时，两人一组开始进行。将第一片散热片足片（或中片）平放在专业组装台上，使接口的正丝口（正螺纹）向上，以便于加力。拧上试扣的对丝1~2扣，试其松紧度。套上石棉橡胶垫，然后将另一片散热片的反丝口（反螺纹）朝下，对准后轻轻落在对丝上，注意散热片的顶部对顶部、底部对底部，不可交叉组对。

（4）插入钥匙，用手拧动钥匙开始组对。先轻轻按加力的反方向扭动钥匙，当听到入扣的响声时，表示右旋、左旋两方向的对丝均已入扣。然后，换成加力的方向继续拧动钥匙，使接口右旋和左旋方向的对丝同时旋入螺纹锁紧［注意同时用钥匙向顺时针（右旋）方向交替地拧紧上下的对丝］，直至用手拧不动，再使用力杠加力，直到垫片压紧挤出油为止。

（5）按照上述方法逐片组对，达到需要的数量为止。

（6）放倒散热片，再根据进水和出水的方向，为散热片装上补芯和堵头。

（7）将组对好的散热片运至打压地点。

2. 散热片安装固定

步骤一　检查材料

先检查固定卡或托架的规格、数量和位置是否符合要求。

步骤二　放安装线

参照散热片外形尺寸图纸及施工规范，用散热片托钩定位画线尺、线坠，按要求的托钩数分别定出上、下各托钩的位置，放线、定位、做出标记。

步骤三　打洞

托钩位置定好后，用錾子或冲击钻在墙上按画出的位置打孔。要求固定卡孔洞的深度不小于80mm，托钩孔洞的深度不小于120mm，现浇混凝土墙的孔洞深度不小于100mm。

步骤四　水泥砂浆补洞

用水冲洗孔洞，在托钩或固定卡的位置上定点挂上水平挂线，栽牢固定卡或托钩，使钩子中心线对准水平线，经量尺校对标高准确无误后，用水泥砂浆抹平压实。

步骤五　安装散热片

将带足片的散热片抬到安装位置，稳装就位，用水平尺找正、找直。检查散热片的足片是否与地面接触平稳。散热片的右螺纹一侧朝立管方向，在散热片固定配件上拧紧。

步骤六　安装散热片托架

如果散热片安装在墙上，应先预制托架，待安装托架后，将散热片轻轻抬起放在托架上，用水平尺找平、找正、垫稳，然后拧紧固定卡。

3. 散热片单组水压测试

步骤一　连接试压泵

将组好对的散热片放置稳妥，用管钳安装好临时堵头和补芯，安装一个放气阀，连接好试压泵和临时管路。

步骤二　向散热器内充水

试压时先打开进水截止阀向散热片内充水，同时打开放气阀，将散热片内的空气排净，待灌满水后，关上放气阀。

步骤三　观察压力值

散热片水压试验压力如果设计无要求，则应为工作压力的 1.5 倍，且不小于0.6MPa。试验时，应关闭进水阀门，将压力打至规定值，恒压 2~3min，压力没有下降且不渗、不漏即为合格。

第六章
水路安装施工

水路安装施工主要集中在卫生间和厨房，卫生间包括洗面盆、坐便器、淋浴花洒、浴缸等洁具的安装，厨房包括地漏、水槽等的安装。在具体的安装过程中，需注意保护已经装修好的环境，尽量轻拿轻放，一次性安装到位，并将安装后的现场清理干净。

一 地漏安装

步骤一 安装前的准备

（1）安装之前，检查排水管直径，选择适合尺寸的产品型号。

（2）铺地砖前，用水冲刷下水管道，确认管道畅通。

步骤二 切割瓷砖

摆好地漏，确定其准确的位置。根据地漏的位置，开始画线，确定待切割的具体尺寸（尺寸务必精确），对周围的瓷砖进行切割。

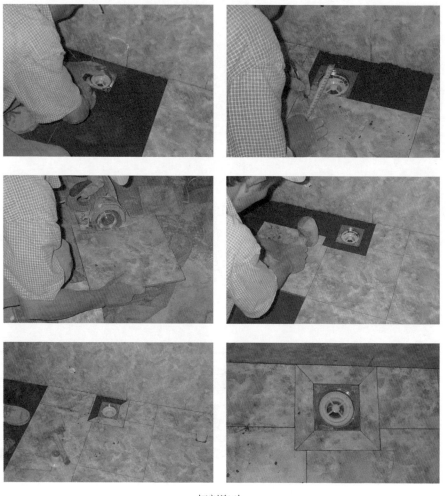

切割瓷砖

步骤三 涂抹建筑胶

以下水管为中心，将地漏主体扣压在管道口，用水泥或建筑胶密封好。地漏上平面低于地砖表面 3~5mm 为宜。

涂抹建筑胶

步骤四 安装防臭芯

将防臭芯塞进地漏体，按紧密封，盖上地漏箅子。

安装防臭芯

步骤五 排水试验

地漏全部安装完毕后，先检查卫生间内的泛水坡度，然后再倒入适量水看是否排水通畅。

二 水龙头安装

步骤一 连接软管

（1）检查水龙头及配件是否齐全。

（2）如下图所示，将水龙头软管伸入水龙头安装口，用手拧紧（也可先安装一根，水龙头固定到位后，再安装另一根）。试着拉一下，看是否连接牢固。

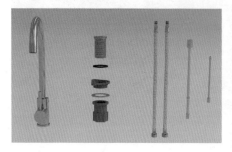

核对配件   连接软管

步骤二 连接牙管

（1）如下图（左）所示，连接水龙头上的牙管。

（2）如下图（右）所示，将水龙头插入水槽面板或台盆的水龙头孔中。

连接牙管   水龙头归位

步骤三 安装锁紧螺帽

（1）如下图所示，将橡胶垫圈、底胶、金属垫片等零部件依次套入牙管中。

（2）如下图所示，安装锁紧螺帽。对正后，用手将其拧紧即可。若前面仅安装了一条软管，此时可将另一条软管连接到水龙头上。

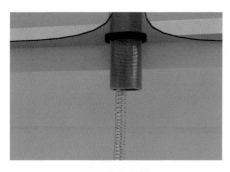

安装橡胶垫圈

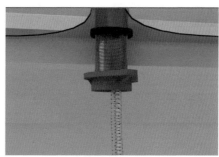

安装底胶

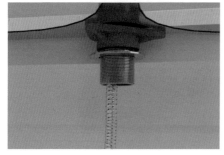

安装金属垫片

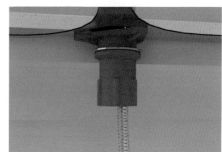

安装锁紧螺帽

步骤四　连接软管与供水口

如下图所示，将软管与供水口连接起来。

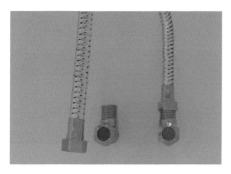

连接冷水管

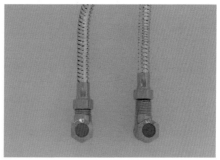

连接热水管

步骤五　检查

安装完毕后检查。首先仔细查看出水口的方向，标准的水龙头出水是垂直向下的，如果发现水龙头有倾斜的现象，应及时调节、纠正。

三 水槽安装

步骤一 台面开孔

如下图所示,核对台面上预留的水槽孔尺寸是否正确。在订购台面时需告知台面供应商所选水槽的尺寸,以避免重新返工。

台面开孔

步骤二 安装水龙头

如下图所示,先组装水龙头,再安装水龙头和进水管。

安装水龙头

步骤三 安装水槽

如下图所示,将水槽拆封,并仔细检查是否有损坏,然后将水槽嵌入石材台面的孔洞中。

安装水槽

步骤四　安装溢水孔下水管

如下图所示，组装溢水孔管件。溢水孔是避免水盆向外溢水的保护孔，因此，在安装溢水孔下水管的时候，要特别注意其与槽孔连接处的密封性，确保溢水孔的下水管自身不漏水，可以用玻璃胶进行密封加固。

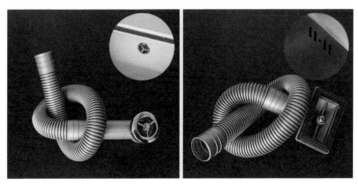

溢水孔下水管管件

步骤五　安装过滤篮下水管

安装过滤篮下水管。在安装过滤篮下水管时，要注意下水管和槽体之间的衔接，不仅要牢固，而且应该密封。这是水槽经常出问题的关键部位，最好谨慎处理。

步骤六　安装整体下水管

如下图所示，安装整体排水管。通常，业主会购买有两个过滤篮的水槽，但是两个下水管之间的距离有近有远。安装时，应根据实际情况对配套的排水管进行切割。

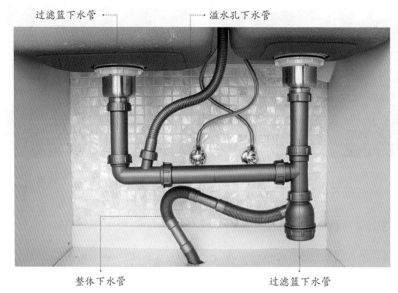

过滤篮下水管 ┄┄┄┄ ┄┄ 溢水孔下水管

整体下水管　　　　　　　　　　过滤篮下水管

安装下水管

步骤七　排水试验

如下图（左）所示，将水槽放满水，同时测试两个过滤篮下水管和溢水孔下水管的排水情况。发现哪里渗水再紧固锁紧螺帽或进行打胶处理。

步骤八　封边

如下图（右）所示，做完排水试验，确认没有问题后，对水槽进行封边。使用玻璃胶封边，要保证水槽与台面连接缝隙均匀，不能有渗水现象。

排水试验

封边

四 洗面盆安装

1. 台上盆的安装

步骤一　台面开孔

将台上盆安装开孔图沿切割线剪下，并与台上盆实物尺寸复核。将开孔图复制在台面上，用笔在要切割的台面上描好开孔线。而后对台面进行开孔。

步骤二　画线

将台上盆放入台面的切割孔内，校正位置，并用铅笔沿台盆外边缘在台面上画出轮廓线。

步骤三　安装配件

如下图所示，取下台上盆，按照要求先安装好水龙头和下水器。

安装水龙头

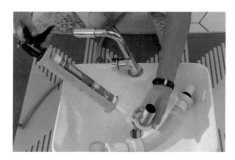 

安装下水器

步骤四 打胶

如下图所示，将玻璃胶均匀地抹在台上盆边缘线与切割边之间的台面上，进行密封处理，这样就可以固定台上盆，也是为了防止接触面出现渗水现象。

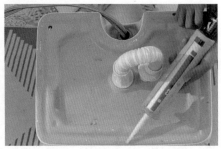

在台上盆底部打胶

步骤五 安装台上盆

（1）如下图所示，将台上盆安装在台面上，并检查其位置是否精确，然后将台上盆压平。

台上盆就位　　　　　　　　　　　轻压台上盆

（2）如下图所示，在台上盆与台面的接触部分打上一圈玻璃胶。

边缘打胶

步骤六　连接进水管件与排水管件

如下图所示，待玻璃胶干后，连接进水管件与排水管件，在连接进水管件时，应先向管道内注水 3~5 分钟，以清洗管道，防止管道内的砂粒等杂物堵塞角阀和龙头出水口，记住一定要待玻璃胶干透后才能使用，而玻璃胶干透一般在 24 小时之后。

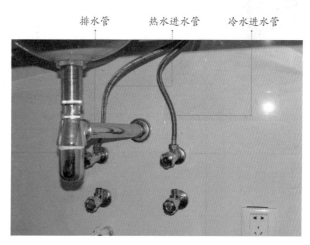

连接进水管件与排水管件

2. 台下盆的安装

步骤一　台面开孔

在切割图上把面盆的图纸截下。将切割图的轮廓描绘在台面上，按照画线切割面盆的安装孔，并进行打磨。按照安装的水龙头和台面尺寸来正确打水龙头安装孔。

台面开孔

步骤二　打胶、静置

如下图所示，将玻璃胶均匀地抹在台下盆四周，贴合在台面上，静置 48 小时。

在台下盆底四周打胶

步骤三　安装支架

如下图所示，将支架固定在墙面上。

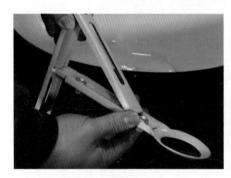 

检查支架　　　　　　　　　　　　将支架就位

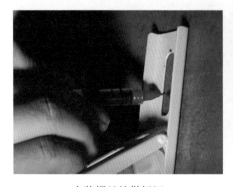 

安装螺丝处做标记　　　　　　　　　　打孔

安装膨胀螺栓

固定螺母

步骤四　安装水龙头

如下图所示，将水龙头安装在台面上，分别连接上冷、热水管。

安装水龙头

步骤五　安装下水器及排水管

如下图所示，将下水器和排水管安装在台下盆上，而后连接到排水管路上。安装
完成后，对其进行排水测试。

安装下水器

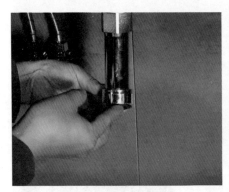

安装排水管

3. 立柱盆的安装

步骤一 校正水平

（1）将盆放在立柱上，挪动盆与柱使两者接触面吻合，移动整体至安装位置。将水平尺放在盆上，校正面盆的水平位置。

（2）盆的下水口与墙上出水口的位置应对应，若有差距应移动盆和立柱（移动盆和支柱后，应再次校正面盆的水平位置）。

步骤二 安装固定件及龙头

（1）在墙和地面上分别标记出盆和立柱的安装孔位置，而后将盆和立柱移开。

（2）按提供的螺丝大小在墙壁和地面上的标记处钻孔（所钻孔的孔径和深度要足够安装螺杆）。

（3）塞入膨胀粒，将螺杆分别固定在地面和墙上，地面的螺杆外露约25mm，墙上的螺杆露出墙面的长度按产品安装要求。

（4）按照安装说明书的步骤，安装水龙头和排水组件。

步骤三　固定立柱盆

（1）将立柱固定在地面上。

（2）如下图（左）所示，将面盆放在立柱上，安装面涂抹玻璃胶，安装孔对准螺栓将面盆固定在墙上，并使螺杆穿过盆的安装孔（盆必须由立柱支撑）。

（3）如下图（右）所示，将垫片、螺母等配件按顺序套入螺杆，用扳手旋紧螺母直至垫圈与盆接触为止，再盖上装饰帽。（螺母不宜拧得太紧，否则可能损坏产品）

洁面盆就位　　　　　　　　　　　固定螺母

步骤四　连接水管、涂胶

（1）连接供水管和排水管。

（2）如下图所示，在立柱与地面接触的边缘，立柱与洗面器接触的边缘涂上玻璃胶。

（3）进行排水测试，无异常后可投入使用。

立柱与地面接触边缘涂胶

五 坐便器安装

步骤一 裁切下水道口

如下图所示，根据坐便器的尺寸，把多余的下水口管道裁切掉，一定要保证排污管高出地面 10mm 左右。将安装位置周围清理干净，保证无灰尘、无污物。

裁切下水道口

步骤二 确认位置、画线

（1）如下图（左）所示，确认墙面到排污孔中心的距离，确定与坐便器的坑距一致。

（2）如下图（右）所示，将坐便器挪动到安装位置，将排污口与地面上的排污孔对齐，在地面上画出坐便器的安装位置。

确认距离　　　　　　　　　　　　画出坐便器的安装位置

（3）如下图所示，沿着所画线的内侧打密封胶，注意胶不能超出线外。

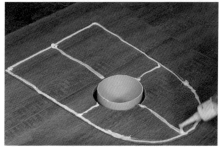

打密封胶

步骤三　安装进水管和法兰

（1）如下图（左）所示，将进水管连接到坐便器上。

（2）如下图（右）所示，将法兰安装在坐便器排污口上，用力按压，使其牢固。

安装进水管　　　　　　　　　　　　　安装法兰

步骤四　坐便器就位

如下图所示，挪动坐便器至打好密封胶的位置上，注意法兰应对准地面上的排污管。微调一下，让坐便器平整、端正，而后稍微用力按压一下，使其稳固。

挪动坐便器使其就位，并稍微用力按压

步骤五　涂抹密封胶

如下图所示，坐便器与地面交会处，再次涂抹一遍密封胶，而后将多余的胶擦除。涂胶的目的是把卫生间局部积水挡在坐便器的外围。

涂胶

步骤六　连接进水管

（1）先检查自来水管，放水 3~5min 冲洗管道，以保证自来水管的清洁。

（2）如图所示，安装角阀，将坐便器上的进水软管连接到角阀上。

（3）如图所示，接通水源，检查进水阀进水及密封是否正常，检查排水阀安装位置是否灵活、有无卡阻及渗漏，检查有无漏装进水阀过滤装置。

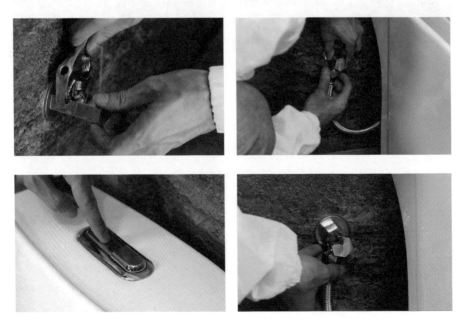

连接进水管并检查有无渗漏

六 智能坐便盖安装

步骤一 核对尺寸及配件

（1）如图所示，核对坐便盖的尺寸，包括长度、宽度、孔距等，避免与坐便器的尺寸不符。坐便器附近应安装带接地的三孔插座，规格应不小于 220V/10A，距离地面应大于 50cm。

（2）根据说明书核对智能坐便盖的零部件是否齐全。

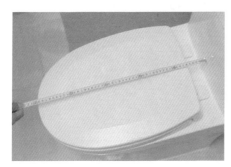 

核对尺寸

步骤二 安装智能坐便盖

（1）如下图所示，将膨胀螺母插入坐便器上的固定孔中。

安装膨胀螺母

（2）如下图所示，安装固定板。将固定板放在坐便器的固定孔上方，居中放置，根据坐便器的长度，调节前后位置，放入调节片。然后放入固定螺丝，确定好安装位置后，拧紧螺丝。

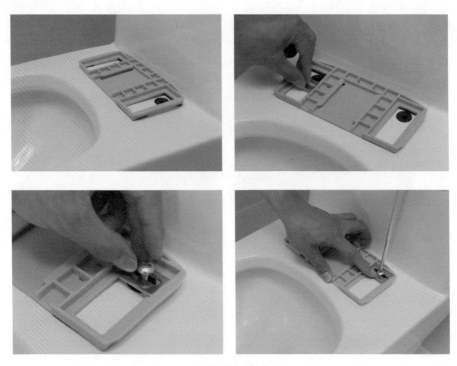

安装固定面板

（3）如下图所示，将坐便盖的后方中点与固定板的中间位置对齐，轻轻推入，使其就位，然后用手拉拽一下，看是否安装牢固。

安装智能坐便盖

步骤三　安装三通阀

（1）关闭进水阀，拆除进水管。

（2）将三通阀连接到进水阀上，然后将进水管连接到三通阀上拧紧。

（3）将过滤棒拧到三通的剩余端口上，打开角阀，通水冲洗进水软管。冲洗完毕后，将软管与智能坐便盖连接并拧紧。打开进水阀，确认连接部位无渗水情况。

（4）安装完成后，连接电源插座。

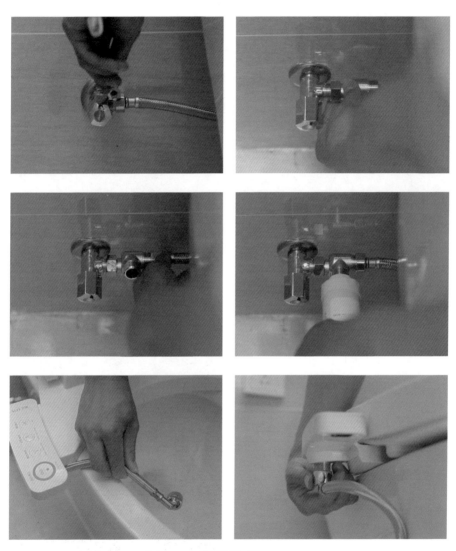

安装三通阀

步骤四 使用测试

将产品包装袋垫在坐圈下方，按下电源插头上的漏电保护器复位键，等待一分钟左右，分别点击面板上的不同按键，查看所有功能是否正常。

七 蹲便器安装

步骤一 预留下水管道和凹坑

（1）如下图（左）所示，根据所安装产品的排污口，在离墙适当的位置预留下水管道，同时确定下水管道入口距地平面的距离。

（2）如下图（右）所示，在地面上预留蹲便器凹坑，保证其深度大于蹲便器的高度。

预留下水管道

预留凹坑

步骤二 安装蹲便器

（1）将蹲便器固定到安装位置。

（2）将连接胶塞放入蹲便器的进水孔内并卡紧。在与蹲便器进水孔接触的外边缘涂上一层玻璃胶或油灰，将进水管插入胶塞进水孔内，使其与胶塞密封良好。

步骤三 固定蹲便器

（1）在蹲便器的出水口边缘涂上一层玻璃胶或油灰，放入下水管道的入口旋合，用焦煤渣或其他填充物将蹲便器架置水平。

（2）如右图所示，用水泥砂浆将蹲便器固定在水平面内，平稳、牢固后，再在水泥面上铺贴一层卫生间地砖。

固定蹲便器

八 小便器安装

步骤一　安装准备

（1）清理墙体表面，用铲子将墙体上的污物全部铲掉，并且保证墙体平整。

（2）若为感应式、后进水等特殊款式，则需在墙面上提前预留好凹槽、进水口等。

（3）墙排小便器首先应切割掉长出的排水管，保留高出墙面10mm左右即可。如果是50mm管道的弯头，需在弯头内塞入一节50mm的水管。

步骤二　固定小便器

（1）测量安装高度，在墙面上画出打孔的位置，而后用电锤打孔，随后打入膨胀螺丝。

（2）如下图所示，安装小便器挂件，将小便器悬挂到墙面上，用固定螺丝加固。

固定小便器

步骤三　安装冲洗阀

如下图所示，关闭总阀门，拆掉堵头，清洗管道。将冲洗阀安装到位，打开总阀门，试水并调节出水量。将小便器与墙面的交界处清理干净，然后打密封胶进行密封。

安装冲洗阀　　　　　　　　　　　　打密封胶

九 浴缸安装

1. 嵌入式浴缸的安装

步骤一 规划安装位置

如下图所示，提前规划好浴缸的安装位置，并预留好排水口。

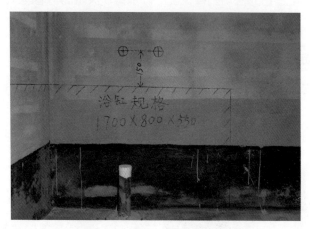

预留排水口

步骤二 砌筑裙边

（1）如下图所示，根据所选浴缸的尺寸，用砖将支撑墙砌筑出来，注意在排水管附近留好检修孔。嵌入式浴缸的台面及侧面可以使用相同风格的瓷砖、马赛克、人造石、大理石等。设计风格应与浴室的装饰风格相统一。

（2）裙边砌筑完成后，内部及边沿部位需先做好防水处理。

砌筑支撑墙

预留检修孔

步骤三　组装浴缸

（1）如下图所示，将浴缸的调节腿安装在底部，根据支撑墙的高度，调节好腿的高度。

（2）将溢流孔和排水口等配套的排水配件安装到浴缸上，使其固定牢固。

 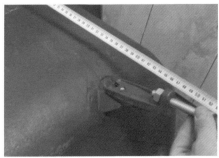

组装浴缸

步骤四　安装浴缸

（1）如下图所示，将浴缸放入支撑墙内，同时用水平仪辅助安装，保证其水平度，不得向侧面倾斜。

（2）如下图所示，检查地面的排水孔位置是否恰当，若没有问题，将排水管放入地面排水口中，多余的缝隙用密封胶填充。

（3）安装浴缸所配套的水龙头、花洒和去水堵头。

安装浴缸

步骤五　排水试验、打胶

（1）进行排水试验，查看有无渗漏情况，若无渗漏可将检修孔覆盖住。

（2）将浴缸上侧与墙壁之间的接缝处，用密封胶进行密封。

2. 独立式浴缸的安装

步骤一　调节浴缸水平

（1）测量进水口的高度、排水口的距离，是否与浴缸相符。

（2）如下图所示，将浴缸放置到预装的位置，调节浴缸支脚，使浴缸平稳，调节过程中可随时用水平尺检查水平度。

水平尺测量水平度　　　　　　　　　调节底座使其水平

步骤二　连接排水管

如下图所示，将浴缸上的排水管拉开，塞进地面预留的排水口内，用玻璃胶将多余的缝隙进行密封。

排水管放入排水口内　　　　　　　　　用玻璃胶密封

步骤三　对接管路与角阀

（1）如下图（左）所示，对接软管与墙面预留的冷、热水管的管道及角阀，用扳手拧紧。

（2）如下图（右）所示，打开控水角阀，检查有无漏水情况。

连接进水软管

打开角阀检查有无漏水情况

步骤四　安装配件

如下图所示，安装手持花洒和去水堵头。

安装手持花洒

安装去水堵头

步骤五　测试性能、打胶

（1）测试浴缸的各项性能，没有问题后将浴缸放到预装位置，靠紧墙面。

（2）如下图所示，将浴缸靠墙摆放，用玻璃胶将浴缸与墙面之间的缝隙进行密封。

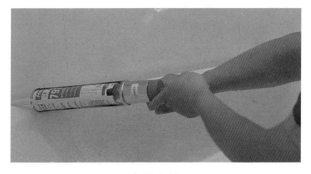

打胶密封

十 淋浴花洒安装

步骤一 取下堵头

如下图所示，关闭总阀门，将墙面上预留的冷、热进水管的堵头取下，打开阀门放出水管内的污水。

取下冷、热水管堵头

步骤二 安装阀门

（1）将冷、热水阀门对应的弯头涂抹铅油，缠上生料带，与墙上预留的冷、热水管头对接，用扳手拧紧。

（2）如下图所示，将淋浴器阀门上的冷、热进水口与已经安装在墙面上的弯头试接，若接口吻合，把弯头的装饰盖安装在弯头上并拧紧，再将淋浴器阀门与墙面的弯头对齐后拧紧，扳动阀门，测试安装是否正确。

安装冷、热水阀门

步骤三　打孔

（1）如下图（左）所示，将组装好的淋浴器连接杆放置到阀门预留的接口上，使其垂直直立。

（2）如下图（右）所示，将连接杆的墙面固定件放在连接杆上部的适合位置上，用铅笔标注出将要安装螺丝的位置，在墙上的标记处用冲击钻打孔，安装膨胀塞。

 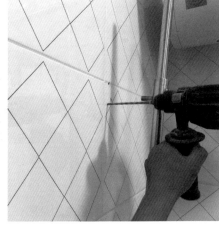

安装淋浴器连接杆　　　　　　　　　　冲击钻打孔

步骤四　安装固定件

如下图所示，将固定件上的孔与墙面打的孔对齐，用螺丝固定住，将淋浴器连接杆的下方在阀门上拧紧，上部卡进已经安装在墙面上的固定件上。

安装固定件

步骤五　安装喷淋头与手持花洒

（1）弯管的管口缠上生料带，固定喷淋头。

（2）如下图所示，安装手持喷淋头以及连接软管。

安装手持喷淋头

步骤六　放出给水管水流中的杂质

如下图所示，安装完毕后，拆下起泡器、花洒等易堵塞配件，让水流出，将水管中的杂质完全清除后再装回。

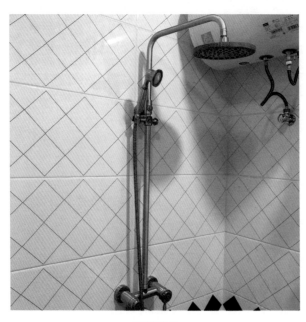

安装完成

第七章

电路施工基础知识

本章内容包括电路施工的常用工具和材料两部分，是电路施工的基础性知识。电路施工的常用工具及材料的种类很多，需要了解它们的基本特点、应用场景与使用技巧，才能熟练运用到具体的施工环节中。

一 电路施工常用工具

1. 测电笔

测电笔，简称电笔，用来测试导线中是否带电，包括数显测电笔和氖气测电笔两种类型。

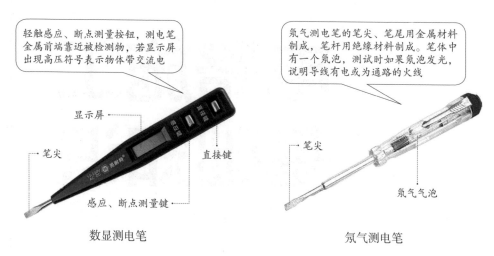

轻触感应、断点测量按钮，测电笔金属前端靠近被检测物，若显示屏出现高压符号表示物体带交流电

氖气测电笔的笔尖、笔尾用金属材料制成，笔杆用绝缘材料制成。笔体中有一个氖泡，测试时如果氖泡发光，说明导线有电或为通路的火线

显示屏

笔尖

直接键

感应、断点测量键

笔尖

氖气气泡

数显测电笔

氖气测电笔

2. 电烙铁

电烙铁用于焊接电器元件或导线。在水电施工过程中，电烙铁用于焊接两根导线的接线端，焊锡之后使得导线接头更紧密，避免导线电流过大而发热，出现烧毁等情况，从而延长导线的使用寿命。

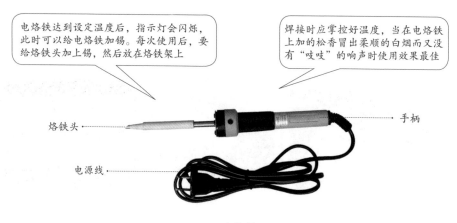

电烙铁达到设定温度后，指示灯会闪烁，此时可以给电烙铁加锡。每次使用后，要给烙铁头加上锡，然后放在烙铁架上

焊接时应掌控好温度，当在电烙铁上加的松香冒出柔顺的白烟而又没有"吱吱"的响声时使用效果最佳

烙铁头

手柄

电源线

电烙铁

3. 螺丝刀

螺丝刀是用来拧转螺丝钉迫使其就位的工具，通常有一个薄楔形头，可插入螺丝钉头的槽缝或凹口内。

按照造型来分，常见的有直形、T 形和 L 形等，头部有一字、十字、米字、梅花形及六角形（包括内六角和外六角）等。使用时，根据螺钉上的槽口选择适合的种类。除了手动的款式，现在还有电动螺丝刀，使用起来更省力。

直形及 T 形螺丝刀

L 形螺丝刀

4. 钳子

钳子是一种用于夹持、固定加工工件或者扭转、弯曲、剪断金属丝线的手工工具。钳子的外形呈 V 形，通常包括手柄、钳腮和钳嘴三个部分。电工所用的钳子除了常用的一些款式，还包括剥线钳和网线钳等类型。

常用的一些钳子

剥线钳

网线钳

5. 电工刀

电工刀是电工常用的一种切削工具，用来削切导线，可完成连接导线的各项操作。普通的电工刀由刀片、刀刃、刀把以及刀挂等构成。不用时，刀片可收缩到刀把内。

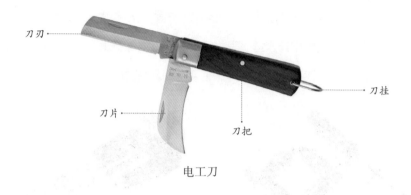

电工刀

6. 手电钻

手电钻是利用电做动力的钻孔工具，具有能钻不能冲的特点，可分为插电款和充电款两种类型。

手电钻只具备旋转功能，适用于在需要很小力的材料上钻孔，如砖、瓷砖、软木等。手电钻只凭靠电机带动传动齿轮加大钻头钻动的力量，使钻头在砖、瓷砖等材料上做刮削形式的洞穿。

插电款手电钻　　　　　　　　充电款手电钻

7. 万用表

万用表是测量仪表，通常用来测量电压、电流和电阻。在家庭中主要是检测开关、线路以及检验绝缘性能是否正常。可分为指针万用表、数字万用表和钳形万用表。

（1）指针万用表

指针万用表的刻度盘上共有七条刻度线，从上往下分别是电阻刻度线、电压电流刻度线、10V 电压刻度线、晶体管 β 值刻度线、电容刻度线、电感刻度线及电平刻度线。

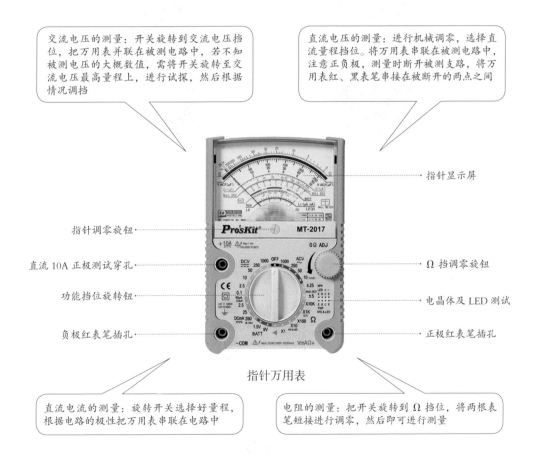

交流电压的测量：开关旋转到交流电压挡位，把万用表并联在被测电路中，若不知被测电压的大概数值，需将开关旋转至交流电压最高量程上，进行试探，然后根据情况调挡

直流电压的测量：进行机械调零，选择直流量程挡位。将万用表串联在被测电路中，注意正负极，测量时断开被测支路，将万用表红、黑表笔串接在被断开的两点之间

指针显示屏

指针调零旋钮

直流 10A 正极测试穿孔

功能挡位旋转钮

负极红表笔插孔

Ω 挡调零旋钮

电晶体及 LED 测试

正极红表笔插孔

指针万用表

直流电流的测量：旋转开关选择好量程，根据电路的极性把万用表串联在电路中

电阻的测量：把开关旋转到 Ω 挡位，将两根表笔短接进行调零，然后即可进行测量

（2）数字万用表

数字万用表的数值读取比较简单，选择相应的量程后，显示屏上的数字即为测量的结果。

（3）钳形万用表

钳形万用表，是集电流互感器与电流表于一身的仪表，是一种不需断开电路就可直接测电路交流电流的携带式仪表。

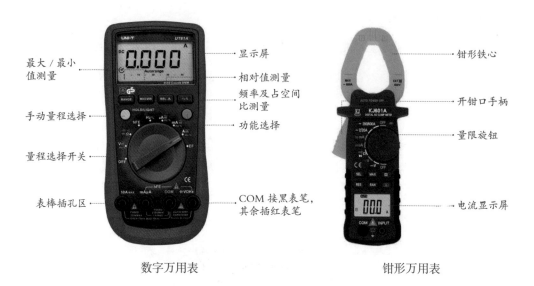

最大 / 最小值测量

手动量程选择

量程选择开关

表棒插孔区

显示屏

相对值测量

频率及占空间比测量

功能选择

COM 接黑表笔，其余插红表笔

钳形铁心

开钳口手柄

量限旋钮

电流显示屏

数字万用表　　　　　　　　　　　钳形万用表

8. 兆欧表

兆欧表又称摇表，主要用来检查电气设备的绝缘电阻，判断设备或线路有无漏电现象，判断是否有绝缘损坏或短路现象。

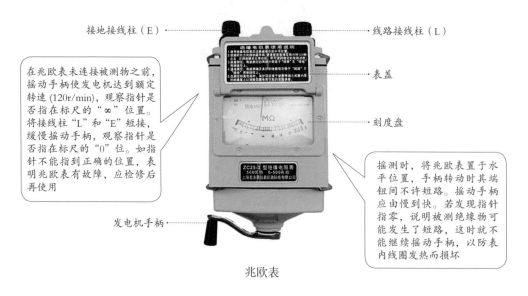

接地接线柱（E）

线路接线柱（L）

表盖

刻度盘

发电机手柄

在兆欧表未连接被测物之前，摇动手柄使发电机达到额定转速(120r/min)，观察指针是否指在标尺的"∞"位置。将接线柱"L"和"E"短接，缓慢摇动手柄，观察指针是否指在标尺的"0"位。如指针不能指到正确的位置，表明兆欧表有故障，应检修后再使用

摇测时，将兆欧表置于水平位置，手柄转动时其端钮间不许短路。摇动手柄应由慢到快。若发现指针指零，说明被测绝缘物可能发生了短路，这时就不能继续摇动手柄，以防表内线圈发热而损坏

兆欧表

二 电路施工常用材料

1. 塑铜线

塑铜线就是塑料铜芯导线，全称铜芯聚氯乙烯绝缘导线。按照线的组成划分，一般包括 BV 导线、BVR 软导线、RV 导线、RVS 双绞线、RVB 平行线等类型。

图片	型号	名称	用途
	BV	铜芯聚氯乙烯塑料单股硬线，是由 1 根或 7 根铜丝组成的单芯线	固定线路敷设
	BVR	铜芯聚氯乙烯塑料软线，是 19 根以上铜丝绞在一起的单芯线，比 BV 导线软	固定线路敷设
	RVVB	铜芯聚氯乙烯硬护套线，由两根或三根 BV 导线用护套套在一起组成	固定线路敷设
	RV	铜芯聚氯乙烯塑料软线，是由 30 根以上的铜丝绞在一起的单芯线，比 BVR 导线更软	灯头或移动设备的引线
	RVV	铜芯聚氯乙烯软护套线，由两根或三根 RV 导线用护套套在一起组成	灯头或移动设备的引线
	RVS	铜芯聚氯乙烯绝缘绞型连接用软导线，两根铜芯软线成对扭绞，无护套	灯头或移动设备的引线
	RVB	铜芯聚氯乙烯平行软线，无护套的平行软线，俗称红黑线	灯头或移动设备的引线

家用塑铜线的型号主要有两种，一种是单股铜芯线（BV），另一种是多股铜芯软线（BVR）。其中 4mm^2 以及 4mm^2 以下的塑铜线多为单股铜芯线（BV），而 6mm^2 以及 10mm^2 的塑铜线多为多股铜芯软线（BVR）。具体规格以及用途如下表所示。

型号	规格 /mm^2	用途
BV、BVR	1.5	照明、插座连接线
	2.5	空调、插座用线
	4	热水器、立式空调用线
	6	中央空调、进户线
	10	进户总线

2. 网络线

网络线是连接电脑网卡和 ADSLModem 或路由器或交换机的电缆线。通常分为 5 类双绞线、超 5 类双绞线和 6 类双绞线，具体特点如下表所示。

图片	名称	作用
	5 类双绞线	表示为 CAT5，带宽 100Mbps，适用于百兆以下的网络
	超 5 类双绞线	表示为 CAT5e，带宽 155Mbps，为目前的主流产品
	6 类双绞线	表示为 CAT6，带宽 250Mbps，用于架设千兆网

3. 电视线

电视线是传输视频信号（VIDEO）的电缆，同时也可作为监控系统的信号传输线。电视分辨率和画面清晰度与电视线有着较为密切的关系，电视线的线芯的材质（纯铜或者铜包铝），以及外屏蔽层铜芯的绞数，都会对电视信号产生直接影响。

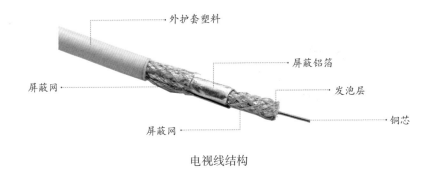

电视线结构

4. 电话线

电话线就是电话的进户线，连接到电话机上才能打电话，分为 2 芯和 4 芯。导体材料分为铜包钢线芯、铜包铝线芯以及全铜线芯三种，具体特点如下表所示。

图片	名称	作用
	铜包钢线芯	线比较硬，不适用于外部扯线，容易断芯。但是可埋在墙里使用，只能近距离使用
	铜包铝线芯	线比较软，容易断芯。可以埋在墙里，也可以在墙外扯线
	全铜线芯	线软，可以埋在墙里，也可以在墙外扯线，可以用于远距离传输使用

5. 音频线

音频连接线，简称音频线，是用来传输电声信号或数据的线。广义上分为电信号和光信号两大类。

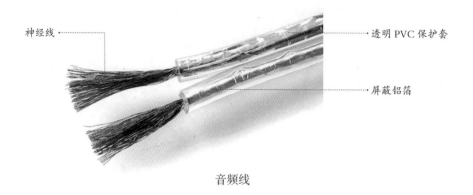

神经线 ----

-------- 透明 PVC 保护套

-------- 屏蔽铝箔

音频线

6. 光纤

光纤的全称是光导纤维，是一种由玻璃或塑料制成的纤维，可作为光传导工具。因为光纤的传导效率很高，在家庭中，常作为网络线使用。

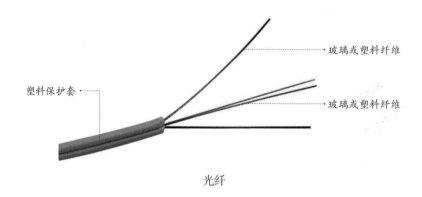

-------- 玻璃或塑料纤维

塑料保护套 ----

-------- 玻璃或塑料纤维

光纤

7. 暗盒

暗装底盒简称暗盒，原料为 PVC，安装时需预埋在墙体中，安装电器的部位与线路分支或导线规格改变时就需要使用安装暗盒。导线在盒中完成穿线后，上面可以安装开关、插座的面板。暗装底盒通常分为三种，具体型号如下表所示。

图片	型号	种类	尺寸
	86 型	单暗盒、双联暗盒	标准尺寸为 86mm×86mm，非标准尺寸有 86mm×90mm、100mm×100mm 等
	118 型	四联盒、三联合、单盒	标准尺寸为 118mm×74mm，非准标尺寸有 118mm×70mm、118mm×76mm 等。另外还有 156mm×74mm、200mm×74mm 等多位联体款
	120 型	大方盒、小方盒	标准尺寸为 120mm×74mm，还有 120mm×120mm 等

8. 穿线管

穿线管全称"建筑用绝缘电工套管"。通俗地讲，它是一种硬质的 PVC 胶管，有白色、蓝色、红色等，电线需穿过它再进行暗埋敷设，其主要作用是保护电缆、电线。PVC 电工穿线管的常用规格如下表所示。

穿线管

规格（Φ 代表直径）	用途
φ 16、φ 20	室内照明
φ 25	插座或室内主线
φ 32	进户线
φ 40、φ 50、φ 63、φ 75	室外配导线至入户的管线

9. 穿线管配件

穿线管的常用配件类型如下表所示。

图片	名称	作用
	司令盒	连接件，直插连接来自三个或四个方向的穿线管，带有盒盖，分三通和四通两种类型
	三通	连接件，用于胶暗箱和八角灯头箱与穿线管之间的连接
	直接	连接件，用于穿线管之间的直向连接
	大弧弯	连接件，用于穿线管之间的连接，通过转弯可改变线路的方向，转角弧度较大
	锁扣	连接件，用于接线盒与穿线管之间的连接
	弯头	连接件，用于穿线管之间的连接，通过转弯可改变线路的方向，转角弧度较小，多为90°弯头

图片	名称	作用
	过桥弯	连接件，用于穿线管之间的连接，通过转弯可改变线路的方向，弧度可调节
	管卡	也叫管箍，起到固定单根或多根 PVC 电线套管的作用

10. 空气开关

空气开关，又名空气断路器，断路器的一种，是一种只要电路中电流超过额定电流就会自动断开的开关。空气开关是低压配电网络和电力拖动系统中非常重要的一种电器，它集控制和多种保护功能于一身。根据功能的不同，可分为普通空气开关和漏电保护器两类，具体特点如下表所示。

图片	名称	作用
	普通空气开关	又名空气断路器。当电路中电流超过额定电流，就会自动断开。空气开关是家庭用电系统中非常重要的一种电器，它集控制和多种保护功能于一身
	漏电保护器	漏电保护器在检测到电器漏电时，会自动跳闸，在水多的房间，例如厨房、卫生间，最容易发生漏电，这条电路上就应该安装漏电保护器，如果热水器单独用一个空开，一定要安装漏电保护器

11. 插座

插座是每个家庭中的必备电料之一，需与暗盒配套使用，选择与线盒型号相匹配的型号，其常用类型如下表所示。

图片	名称	作用
	X孔插座	家装常用的X孔插座可分为三孔插座、四孔插座和五孔插座三种，每种插座又分为不同的安培，根据使用电器的功率挑选合适的型号即可
	插座带开关	插座上同时带有控制插座的开关，例如，三孔插座带开关，插座用来安插电器电源，而开关可以控制电路的开启或关闭，常用的电器就不用经常插拔电源，使用开关即可
	多功能插座	此类插座除了可以插接电器，还带有USB等其他功能的接口，可直接为手机或Pad等电子设备充电
	电视插座	是有线电视系统输出口。串接式电视插座，适合接普通有线电视信号；宽频电视插座，既可接有线电视又可接数字电视；双路电视插座，可以接两个电视信号线
	网络插座	用来接通网络信号的插头，可以直接将电脑等设备与网络连接，在家庭中较为常用
	电视、网络二位插座	可同时连接有线电视和网络信号的两用插座

续表

图片	名称	作用
	地面插座	一种地面形式的插座,有一个弹簧的盖子,打开时插座面板会弹出来,不使用时关闭,可以将插座面板隐藏起来,与地面平齐,地面插座包括几孔插座,也包括信号插座
	音响插座	用来接通音响设备,包括一位音响插座和二位音响插座。前者又名2端子音响插座、2头音响插座,用于接音响;后者又名4端子音响插座、4头音响插座,用于接功放

12. 开关

开关也是家庭中的必备电料之一,同样需配暗盒使用,常用开关的类型如下表所示。

图片	名称	作用
	单控翘板开关	单控开关在家庭电路中是最常见的,也就是一个开关控制一件或多件电器,根据所联电器的数量又可以分为单控单联、单控双联、单控三联、单控四联等多种形式
	双控翘板开关	双控开关可以与另一个双控开关共同控制一个灯。双控开关在家庭电路中也比较常见,也就是两个开关同时控制一件或多件电器,根据所联电器的数量还可以分双联单开、双联双开等多种形式
	调光开关	调光开关的功能很多,不仅可以控制灯的亮度以及开启、关闭的方式,而且有些调光开关还可以随意改变光源的照射方向

续表

图片	名称	作用
	调速开关	调速开关,主要是靠电感性负载来实现的。一般调速开关是配合电扇使用的,可以通过安装调速开关来改变电扇的转速,适合配合吊扇使用
	延时开关	延时开关,即在按下开关后,此开关所控制的电器并不马上停止工作,而是等一会儿才彻底停止,非常适用于控制卫生间的排风扇
	定时开关	定时开关就是设定多长时间后关闭电源,它就会在多长时间后自动关闭电源的开关,相对于延时开关,定时开关能够提供更长的控制时间范围以便于用户根据情况来进行设定
	红外线感应开关	用红外线技术控制灯的开关,当人进入开关感应范围时,开关会自动接通负载,离开后,开关就会延时自动关闭负载,很适用于阳台或者儿童房
	转换开关	通过按下的次数来控制不同的灯开启的开关,在家庭中很少使用,但非常实用,例如,客厅灯很多,按动一下打开一半,再按一下才会打开全部
	触摸开关	触摸开关是一种电子开关,使用时轻轻点按开关按钮就可使开关接通,再次触碰时会切断电源,它是靠其内部结构的金属弹片受力弹动来实现通断电的

13. 膨胀螺栓

膨胀螺栓是将管路支 / 吊 / 托架或设备固定在墙上、楼板上、柱上所用的一种特殊螺纹连接件。膨胀螺栓由沉头螺栓、胀管、平垫圈、弹簧垫和六角螺母组成。常见的材质有镀锌铁和不锈钢两类，规格如下表所示。

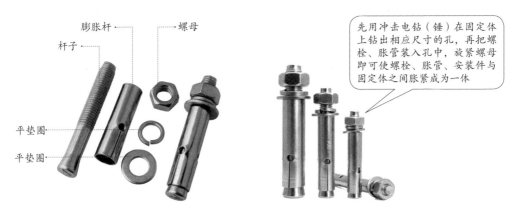

先用冲击电钻（锤）在固定体上钻出相应尺寸的孔，再把螺栓、胀管装入孔中，旋紧螺母即可使螺栓、胀管、安装件与固定体之间胀紧成为一体

膨胀杆　螺母　杆子　平垫圈　平垫圈

镀锌铁膨胀螺栓　　　　　　　　不锈钢膨胀螺栓

螺纹规格	螺栓长度L（mm）	胀管		钻孔	
		外径D（mm）	长度L1（mm）	直径（mm）	深度（mm）
M6	65、75、85	10	35	10.5	40
M8	80、90、100	12	45	12.5	50
M10	95、110、125、130	14	55	14.5	60
M12	110、130、150、200	18	65	19	75
M16	150、170、200、250、300	22	90	23	100

14. 焊锡膏

焊锡膏也叫锡膏，膏体为灰色，是一种新型焊接材料，由焊锡粉、助焊剂以及其他表面活性剂、触变剂等加以混合形成，可完全替代焊丝。

膏体为灰色，是焊接材料，不是助焊剂。使用前将锡膏回温到使用环境温度上（25±2℃），回温时间约 3~4 小时，温度恢复后须充分搅拌，方可使用

保存锡膏的适宜温度是 1~10℃，未开封的锡膏使用期限为 6 个月，存放时不可放置于阳光照射处

焊锡膏

15. 绝缘胶布

绝缘胶布也叫作绝缘胶带或电工胶布，指电工使用的用于防止漏电、起绝缘作用的胶带。主要用于 380V 电压以下使用的导线的包扎、接头、绝缘密封等电工作业。具有良好的绝缘耐压、阻燃、耐候等特性，适用于电线接驳、电气绝缘防护。家装常用的有 PVC 电气阻燃胶布和黑色醋酸布胶带两种类型，具体特点如下表所示。

图片	名称	作用
	PVC 电气阻燃胶布	具有绝缘、阻燃和防水三种功能，但由于它是 PVC 材质，所以延展性较差，不能把接头包裹得很严密，防水性不是很理想，但它已经被广泛应用
	黑色醋酸布胶带	质地柔软、绝缘、耐高温、耐溶剂、抗老化、性能稳定

第八章

电路施工图的识读

电路施工与水路施工一样，均属于隐蔽工程，需要在墙面、地面开槽埋管，走管的路径不仅会影响使用材料的数量、安全性，还会影响居家生活的安全性，所以在正式开工前，绘制好施工图才能有备无患，要想看懂施工图则需掌握识读图纸的相关知识。

一 电路图纸的类型

电路施工图纸包括照明布置图、开关布置图、强电插座布置图、弱电插座布置图、配电箱系统图等类型。

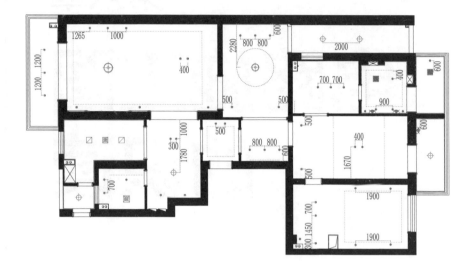

照明布置图

开关布置图

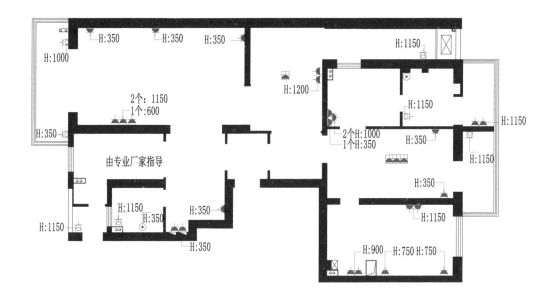

强电插座布置图

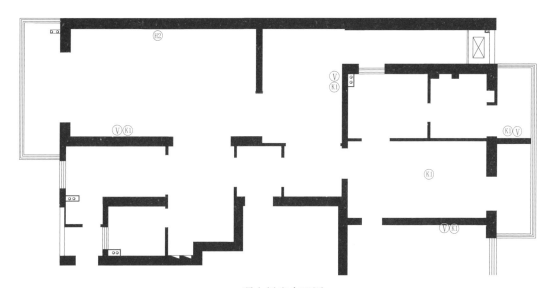

弱电插座布置图

H6
Pe = 12 kW
Kx = 0.6
cosϕ = 0.85
1js =35 A

嵌墙安装 H=1.6m

BV-3×10-PC32 WC FC
MB1-63/2C40
SAGQ-40 U

MB1-63 C16/1	W1	BV (3×2.5)-PC20-WC CC	照 明
MB1-63 C16/1	W2	BV (3×2.5)-PC20-WC CC	照 明
MB1L-63/2C20 30mA	W3	BV (3×4)-PC20-WC FC	普通插座
MB1L-63/2C20 30mA	W4	BV (3×4)-PC20-WC FC	厨房插座
MB1L-63/2C20 30mA	W5	BV (3×4)-PC20-WC FC	卫生间插座
MB1L-63/2D20 30mA	W6	BV (3×4)-PC25-WC FC	客厅空调
MB1-63 D20/1	W7	BV (3×4)-PC-WC FC	卧室空调
MB1-63 D20/1	W8	BV (3×4)-PC25-WC FC	卧室空调

配电箱系统图

二 照明布置图识读

1. 照明布置图常用图例

家装照明布置图常用图例如下表所示。

图例	名称	图例	名称
⊕	成品吊灯	⊕	射灯
⊕	防雾灯	⊡	筒灯
⊞	豆胆灯	⊗	花灯
◑	壁灯	●	球形灯

图例	名称	图例	名称
— — — — — —	灯带	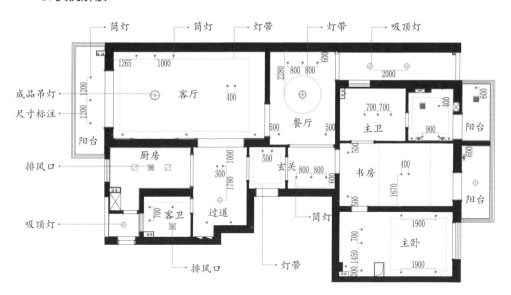	浴霸

2. 识图要点

（1）玄关、客厅、餐厅、卧室、书房、卫生间以及厨房等空间的照明安装位置。

（2）每个空间中灯具的类型和数量。

3. 实例解读

照明布置图

由上图可以看出：

a. 玄关、过道、客厅、餐厅、卧室、厨房、书房及阳台每一个空间中照明灯具的安装位置。

b. 玄关、过道、客厅、餐厅、卧室、厨房、书房及阳台每一个空间中所使用的照明

灯具的类型及数量。

三 开关布置图识读

1.开关布置图常用图例

家装开关布置图常用图例如下表所示。

图例	名称	位置要求
	单极单控翘板开关	暗装距地面 1.3m
	双极单控翘板开关	暗装距地面 1.3m
	三极单控翘板开关	暗装距地面 1.3m
	四极单控翘板开关	暗装距地面 1.3m
	单极双控翘板开关	暗装距地面 1.3m
	双极双控翘板开关	暗装距地面 1.3m
	三极双控翘板开关	暗装距地面 1.3m

2.识图要点

（1）客厅、餐厅、卧室、书房、卫生间以及厨房等空间开关的安装位置及导线的走向。

（2）每个空间中所使用开关的类型及安装数量。

（3）每个开关控制的灯具数量。

3. 实例解读

开关布置图

由上图可以看出：

a. 玄关、过道、客厅、餐厅、卧室、厨房、书房及阳台每一个空间中开关的安装位置及导线的走向。

b. 每一个空间中开关的类型及使用数量。

c. 每一个空间中每一个开关所控制的灯具数量。

四 强电插座布置图识读

1.强电插座布置图常用图例

家装强电插座布置图常用图例如下表所示。

图例	名称	电流要求	位置要求
☼K	壁挂空调三极插座	250V 16A	暗装距地面 1.8m
☼	二、三极安全插座	250V 16A	暗装距地面 0.35m
☼F	三极防溅水插座	250V 16A	暗装距地面 2.0m
☼P	三极排风、烟机插座	250V 16A	暗装距地面 2.0m
☼C	三极厨房插座	250V 16A	暗装距地面 1.1m
☼√	三极带开关洗衣机插座	250V 16A	暗装距地面 1.3m
☼K	立式空调三极插座	250V 16A	暗装距地面 1.3m
☼	热水器三极插座	250V 16A	暗装距地面 1.8m

续表

图例	名称	电流要求	位置要求
	二、三极密闭防水插座	250V 16A	暗装距地面1.3m
	二、三极安全插座	—	地面插座

2. 识图要点

客厅、餐厅、卧室、书房、卫生间以及厨房等空间中所安装的插座类型、数量及安装高度。

3. 实例解读

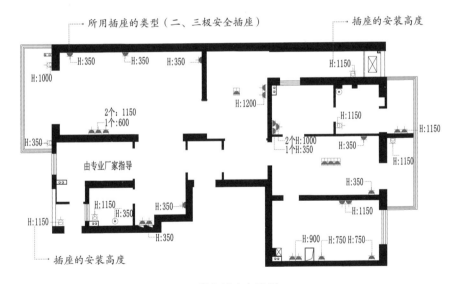

强电插座布置图

由上图可以看出：

玄关、过道、客厅、餐厅、卧室、厨房、书房及阳台每一个空间中所安装的强电插座类型、数量及安装高度。

五 弱电插座布置图识读

1.弱电插座布置图常用图例

家装弱电插座布置图常用图例如下表所示。

图例	名称	位置要求
▼W	电脑上网插座	暗装距地面 0.35m
▼Y	音频插座	暗装距地面 0.35m
▼	电视插座	暗装距地面 0.35m
▼	电话插座	暗装距地面 0.35m
▼W	电脑上网插座	地面插座
H2	双信息口电话插座	暗装距地面 0.65m
V	电视插座	暗装距地面 0.65m

图例	名称	位置要求
$\overline{(K1)}$	双信息口电脑插座	暗装距地面 0.65m

2. 识图要点

双信息口电脑插座（K1）、电视插座（V）以及双信息口电话插座（H2）的安装位置及数量。

3. 实例解读

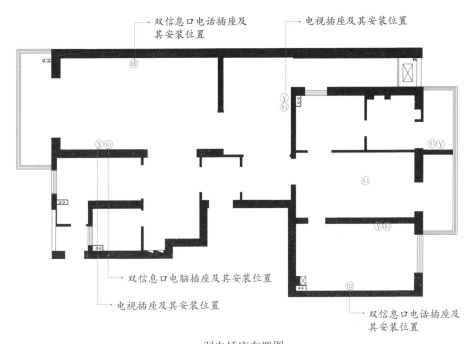

弱电插座布置图

由上图可以看出：

玄关、过道、客厅、餐厅、卧室、厨房、书房及阳台每一个空间中所安装的弱电插座类型、安装位置及数量。

六 配电箱系统图识读

1.配电箱系统图符号说明

家装配电箱系统图常用符号如下表所示。

符号	说明	图例	名称
BV	铜芯聚氯乙烯绝缘导线	WC	墙内暗敷设
ZB	阻燃铜芯聚氯乙烯绝缘导线	63A	额定电流为63A
C45N	空气开关型号	20A	额定电流为20A
2P	两相控制	30mA	漏电保护为30mA
1P	单相控制		

2.识图要点

导线的型号、空气开关的型号及其使用位置。

3.实例解读

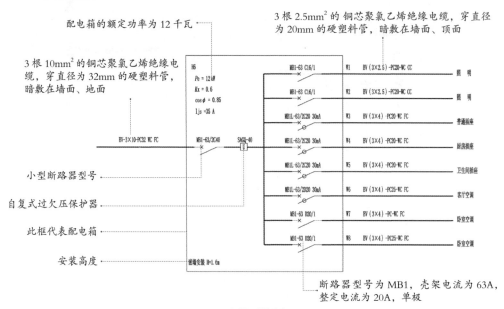

配电箱系统图

第九章

电路接线

　　电路接线是实践操作性比较强的内容，涉及单芯导线连接、多股导线连接、开关接线、插座接线以及弱电接线等内容。电路接线环节中，难度大、操作复杂的是单芯导线和多股导线的连接，面对不同的房间用电要求，涉及单开单控、单开双控以及双开双控等技术难度高的内容。要想掌握电路接线的技巧，不仅要懂原理，还需要熟练掌握现场操作要领，这样才能事半功倍。

  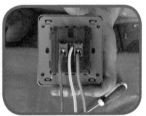

一 单芯导线连接

1. 铰接法连接

步骤一 剥除绝缘皮，对折套在一起

如下图所示，使用剥线钳将单芯导线的绝缘皮剥除 2~3cm，露出铜芯线，然后将铜芯线向内折弯 180°，弯角处保持圆润。将折弯后的两根铜芯线铰接在一起。两根铜芯线套上后，使用电工钳将中心位置夹紧，使两股铜芯线紧贴在一起。应注意的是，中心位置的夹紧程度应适可而止，以防铜芯线被夹断。

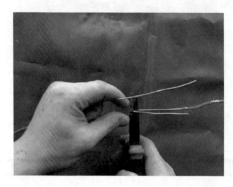
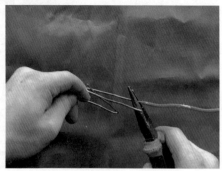

剥除并对折

步骤二 缠绕导线

如下图所示，使用钳子夹住右侧的铜芯线，然后用电工钳将左侧的铜芯线进行顺时针缠绕。缠绕要求紧实，不可留缝隙。每缠绕 2~3 圈检查一次线圈的紧实度。采用相同的方法将右侧的线圈缠绕至 5~6 圈，将多余的铜芯线剪掉。

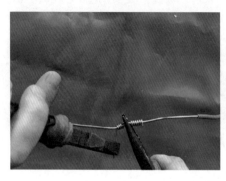

缠绕导线

2. 缠绕卷法连接

步骤一　准备两根导线、一根铜芯线和一根绑线

如下图所示，先将要连接的两根导线接头对接，中间填入一根同直径的铜芯线，然后准备一根同直径的足够长绑线，准备缠绕。

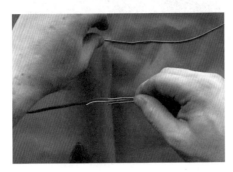

准备材料

步骤二　向右侧缠绕绑线，并对折铜芯线

如下图所示，将绑线缠绕在三根铜芯线上。从中心位置开始，分别向左、右两侧缠绕。先将绑线向右侧缠绕 5~6 圈，然后将多余的绑线线芯剪断。将中间填入的铜芯线向内侧折弯 180°，使其贴紧绑线。

向右侧缠绕绑线，并对折铜芯线

步骤三　向左侧缠绕绑线，并对折铜芯线

如下图所示，采用上述方法，将绑线向左侧缠绕 5~6 圈，将多余的绑线线芯剪断。将中间填入的铜芯线向内侧折弯 180°，使其贴紧绑线。这种单芯导线的连接方法可增加导线的接触面积，使导线能承载更大的电流。

向左侧缠绕绑线，并对折铜芯线

3. "T"字分支连接

步骤一 准备两根铜芯线，剥除绝缘皮

如下图所示，准备两根铜芯线，一根从中间剥除绝缘皮，露出的线芯长度为4~5cm。另一根从一端剥除绝缘皮，露出的线芯长度为 3~4cm。将支路铜芯线缠绕在干路铜芯线上。

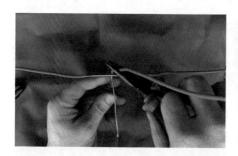
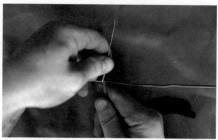

向左侧缠绕绑线，并对折铜芯线

步骤二 缠绕导线

如下图所示，将支路铜芯线围绕干路铜芯线，先向左侧缠绕一圈，接着将铜芯线向右侧折弯，然后将铜芯线向右侧缠绕 5~6 圈，最后剪去多余的线芯。

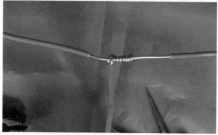

缠绕导线

4."十"字分支连接

步骤一 准备两根铜芯线，剥除绝缘皮

如下图所示，准备三根铜芯线，一根从中间剥除绝缘皮，露出的线芯长度为
5~6cm。另外两根分别从一端剥除绝缘皮，露出的线芯长度为 3~4cm。三根铜芯线
呈十字形摆放在一起。先将两根支路铜芯线折弯 180°，然后与干路铜芯线交叉连接在
一起。

准备两根铜芯线，剥除绝缘皮

步骤二 向左侧、右侧缠线

（1）如下图所示，交叉好后，将下侧的支路铜芯线向左侧弯曲缠绕，将上侧的支
路铜芯线向右侧弯曲缠绕。将铜芯线向左侧缠绕 5~6 圈后，剪掉多余的线芯，并用电
工钳拧紧，起到加固效果。

（2）将铜芯线向右侧以同样方法缠绕 5~6 圈，剪掉多余的线芯。在缠绕过程中，
用钳子固定住左侧的线圈，防止缠绕过程中线圈移位。

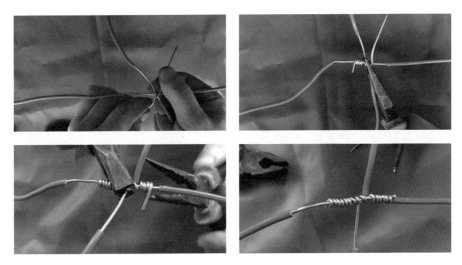

向左侧、右侧缠线

5. 单芯导线接线圈制作

步骤一　剥除绝缘皮

如下图所示，准备一颗螺钉、一根铜芯线和一把电工钳。将绝缘层剥除，在距离绝缘层根部 5mm 处向一侧折角。

步骤二　弯曲导线，剪掉多余部分

如下图所示，以略大于螺钉直径长度的弯曲圆弧，将铜芯线围绕螺钉弯曲，然后将多余的线芯剪掉。

剥除绝缘皮　　　　　　　　　　弯曲导线，剪掉多余部分

步骤三　修正圆弧

如下图所示，修正圆弧使铜芯线的线圈完美契合螺钉。

步骤四　制作完成

如下图所示，制作完成后，要求接线圈弧度圆润，没有棱角。

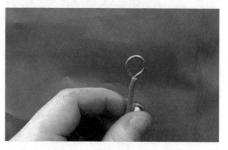

修正圆弧　　　　　　　　　　　制作完成

6. 单芯导线暗盒内封端制作

步骤一　剥除绝缘皮

如下图（左）所示，剥除导线绝缘层 2~3cm，将两根铜芯线捋直，准备缠绕。

步骤二　开始缠绕导线

如下图（右）所示，以一根铜芯线为中心，将另一根铜芯线围绕其缠绕。缠绕的起点距离绝缘层 5mm。

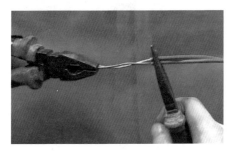

剥除绝缘皮　　　　　　　　　　缠绕导线

步骤三　同一方向缠绕 4~6 圈

如下图（左）所示，同一方向缠绕 4~6 圈。缠绕过程中保证线圈的紧实度。

步骤四　剪掉多余线芯

如下图（右）所示，将多余的线芯剪掉。应注意的是，剪掉线芯的位置应距离线圈 1cm，将预留折回并压紧。

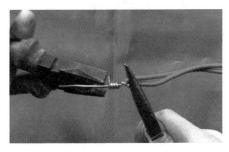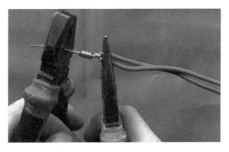

同一方向缠绕 4~6 圈　　　　　　剪掉多余线芯

步骤五　制作完成

如下图所示，将线芯向右侧折弯 180°，与线圈压紧，以不能晃动为标准。制作完成后，缠绕绝缘胶布以保护线芯。

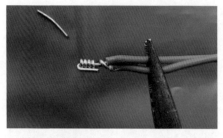

线芯向右侧折弯 180°，与线圈压紧　　　　　　　　　制作完成

二　多股导线连接

1. 缠绕卷法连接

步骤一　导线呈现伞状，然后互相插嵌到一起

如下图所示，将多股导线顺次解开呈 30°伞状，将各自张开的线芯相互插嵌，直到每股线的中心完全接触。然后将张开的各线芯合拢、捋直。

展线呈现伞状，然后互相插嵌到一起

步骤二　缠绕导线

如下图所示，取任意两股向左侧同时缠绕 2~3 圈后，另换两股缠绕，把最先缠绕的两股压在里面或把多余线芯剪掉，再缠绕 2~3 圈后采用同样方法，调换两股缠绕。先用钳子将左侧缠绕好的线芯夹住，然后采用同样的方法缠绕右侧线芯，每两股为一组。

每两股缠绕 2~3 圈，直至所有铜芯线缠完

步骤三　用钳子铰紧，增强稳固度

如下图所示，所有线芯缠绕好之后，使用电工钳铰紧线芯。铰紧时，电工钳要顺着线芯缠绕方向用力。

用钳子增强稳固度

2. "T" 字分卷法连接

步骤一　支路导线分成两股，捋直后开始缠绕

如下图所示，将支路线芯分成左右两部分，擦干净之后捋直，各折弯 90°，依附在干路线芯上。将左侧的几股线芯同时缠绕在干路线芯上。

支路导线分成两股，捋直后开始缠绕

步骤二　支路线芯缠绕 4~6 圈，用电工钳调整紧实度

如下图所示，先将几股线芯同时向左侧缠绕 4~6 圈，然后用电工钳剪去多余的线芯。采用同样方法将右侧几股线芯缠绕 4~6 圈，并剪去多余的线芯。连接完成后，先转动线芯查看连接的紧实度，然后用电工钳即时调整。

 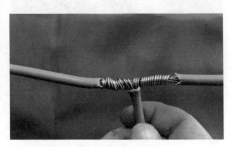

支路线芯缠绕 4~6 圈，用电工钳调整紧实度

3. "T" 字缠绕卷法连接

步骤一　支路线芯贴近干路线芯，并围绕其缠绕

如下图所示，将支路线芯捋直，并折弯 90°，与干路线芯贴紧摆放。从支路线芯的一端开始缠绕干路线芯。注意，缠绕要从支路线芯的中间位置开始，而不是支路线芯的根部。

剥除并对折

步骤二　支路线芯缠绕 4~6 圈，用电工钳铰紧

如下图所示，先将支路线芯缠绕至导线根部，大约 4~6 圈，然后剪去多余的线芯。支路线芯缠绕好之后，用电工钳铰紧线芯，增强紧实度。线芯全部缠绕好后，调整支路导线，使其与干路导线呈 90°角。

支路线芯缠绕 4~6 圈，用电工钳铰紧

4. 单芯导线与多股导线的"T"字分支连接

步骤一 准备导线，开始缠绕

（1）如下图（左）所示，将多股导线的线芯拧成麻花形状，然后准备一根单芯导线，将线芯捋直，准备缠绕。

（2）如下图（右）所示，将单芯导线和多股导线的根部对接，然后开始缠绕单芯线芯。

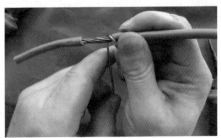

准备导线   开始缠绕

步骤二 完成，剪去多余线芯

如下图所示，单芯线芯向左侧缠绕 6~8 圈，剪去多余的线芯即可。

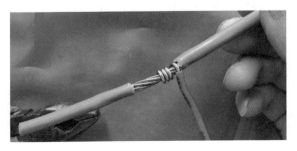

缠绕完成，剪去多余的线芯

5.同一方向多股导线连接

步骤一 剥除导线绝缘皮并交叉

如下图(左)所示,将两根多股导线的绝缘皮去掉相同的长度,并将线芯捋直,呈"X"形交叉摆放在一起。

步骤二 拧动导线

如下图(右)所示,用钳子夹住线芯"X"形交叉的中心,并顺着同一方向拧动,将多股线芯互相缠绕在一起。同时用电工钳夹住两根导线根部保持不动。

 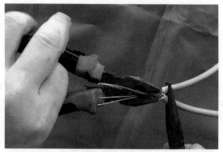

剥除导线绝缘皮并交叉　　　　　　　　　拧动导线

步骤三 缠绕导线

如下图(左)所示,多股线芯互相缠绕4~5圈,缠绕方式类似于两股导线搅在一起。

步骤四 剪掉多余线芯

如下图(右)所示,用钳子将缠绕好的多股线芯捋直、拧紧,并剪掉多余的线芯。

缠绕导线　　　　　　　　　　　　剪掉多余的线芯

6. 同一方向多股导线与单芯导线连接

步骤一　剥除导线绝缘皮，准备缠绕导线

如下图所示，将单芯导线和多股导线的绝缘皮去掉，多股导线所露出的线芯长一些。用电工钳固定住两根导线的根部，并以单芯导线为中心，多股导线缠绕在其上。

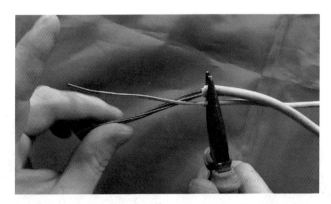

剥除导线绝缘皮，准备缠绕导线

步骤二　缠绕导线，弯折单芯导线

如下图所示，多股导线围绕单股导线缠绕 5~6 圈，并剪去多余的线芯。然后将单芯导线向内折弯 180°，紧贴在多股导线的线圈上。

步骤三　接线完成

如下图所示，单芯导线向内折弯的长度约等于多股导线线圈的一半，若长度过长，则可剪掉一部分线芯。

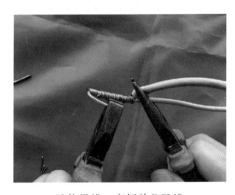

缠绕导线，弯折单芯导线

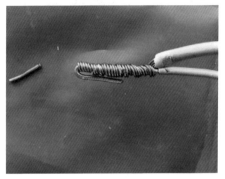

接线完成

7. 多芯护套线或多芯线缆连接

步骤一　剥除导线绝缘皮并交叉

如下图（左）所示，将多芯护套线的绝缘皮去掉，并呈"X"形交叉在一起，准备连接。

步骤二　拧动导线

如下图（右）所示，用拇指和食指的指腹搓拧两股线芯，使它们彼此缠绕在一起，用钳子剪去多余的线芯。

剥除导线绝缘皮并交叉　　　　　　　　　拧动导线

步骤三　缠绕导线

如下图所示，采用同样的方法缠绕另外两股线芯。缠绕过程中保证线芯的紧实度，并处理好线头，使其不松散。制作完成后，将连接处压平，与护套线贴在一起。

 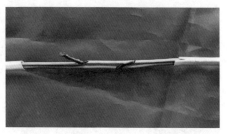

缠绕导线　　　　　　　　　　　　　　接线完成

8. 多股导线出线端子制作

步骤一　导线拧紧呈麻花状，弯曲成"Z"字形

如下图所示，将多股导线拧成麻花状，并保持线芯平直。选取线芯的两个支点，各弯折90°，形状类似于字母"Z"。

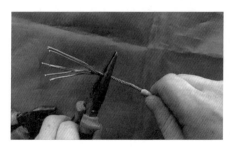

导线拧紧呈麻花状，弯曲成"Z"字形

步骤二　线芯弯曲成"U"字形，内侧留出圆环

如下图所示，以内侧支点为中心，将线芯向内弯曲成"U"字形。将线芯的根部并拢在一起，并留出一个大小适当的圆环。

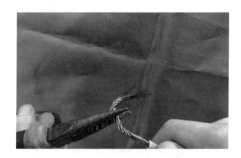

线芯弯曲成"U"字形，内侧留出圆环

步骤三　缠绕线芯根部 2~3 圈，修正圆环

如下图所示，用钳子夹住圆环，用电工钳将根部线芯分成两股，分别缠绕干路线芯 2~3 圈，剪去多余的线芯。修正圆环的形状，直到没有明显的棱角。

缠绕线芯根部 2~3 圈，修正圆环

三 开关接线

1. 单开单控接线

步骤一 导线插入火线接口（L1）

如下图（左）所示，先将火线 1 的纯铜线芯插入火线接口（L1），然后用十字螺丝刀按照顺时针方向转动，将纯铜线芯拧紧。

步骤二 另一根导线插入火线接口（L）

如下图（右）所示，先将支路线芯缠绕导线根部，大约 4~6 圈，然后剪去多余的线芯。支路线芯缠绕好之后，用电工钳铰紧线芯，增强紧实度。线芯缠绕好之后，调整支路导线，使其与干路导线呈 90°角。

导线插入火线接口（L1）　　　　　另一根导线插入火线接口（L）

步骤三 接线完成

如下图所示，接线完成。开合开关以检测灯具照明是否正常。

接线完成

2. 单开双控接线

步骤一　准备导线和开关面板

如下图（左）所示，准备 5 根导线，其中 4 根是火线，1 根是零线。并准备两个单开双控开关，按照合适的方式摆放，准备接线。

步骤二　连接干路火线

如下图（右）所示，首先连接干路火线。先将干路火线 1 的纯铜线芯插入右侧开关火线接口（L），然后将干路火线 2 插入左侧开关火线接口（L），并用十字螺丝刀拧紧。

 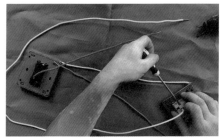

准备导线和开关面板　　　　　　　　连接干路火线

步骤三　连接支路火线

如下图（左）所示，依次连接支路火线。先将支路火线 1 分别插入两个开关的火线接口（L1），然后将支路火线 2 分别插入两个开关的火线接口（L2），并用十字螺丝刀拧紧。

步骤四　接线完成

如下图（右）所示，接线完成。开合开关以检测灯具照明是否正常。

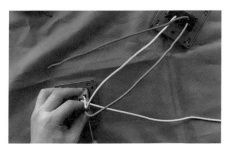 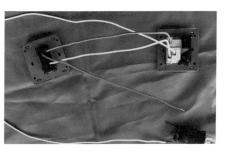

连接支路火线　　　　　　　　接线完成

3.双开单控接线

步骤一 准备导线和开关面板

如下图（左）所示，准备一个双开单控开关、一根跳线、一根干路火线、两根支路火线、两根零线，准备接线。

步骤二 连接跳线

如下图（右）所示，先将跳线两端分别插入两个火线接口（L1）中，然后用十字螺丝刀拧紧其中一个接口，另一个接口准备连接干路火线。

准备导线和开关面板　　　　　　　　连接跳线

步骤三 连接干路火线

如下图（左）所示，先将干路火线插入火线接口（L1）中，与跳线连接在一起，然后用十字螺丝刀将两根线芯拧紧。

步骤四 连接支路火线

如下图（右）所示，先将支路火线1和支路火线2分别插入两个火线接口（L2）中，然后用十字螺丝刀拧紧。

连接干路火线　　　　　　　　连接支路火线

步骤五　连接完成

如下图所示，所有导线连接完成后，先用手轻微拉拽导线，看连接是否牢固。然后开合开关以检测灯具照明是否正常。

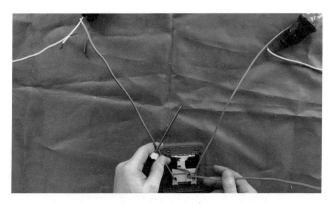

接线完成

4. 双开双控接线

步骤一　准备导线和开关面板

如下图所示，准备 2 个双开双控开关、2 根接入照明灯具的支路火线、4 根连接 2 个开关的支路火线、1 根跳线、1 根接入空开的干路火线以及 2 根接入照明灯具的零线。

步骤二　连接跳线

如下图所示，将跳线插入火线接口（L1）和火线接口（L2），用十字螺丝刀拧紧其中一个火线接口，另一个火线接口准备接入干路火线。

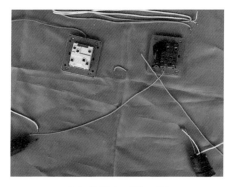

准备导线和开关面板

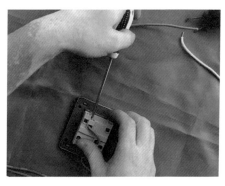

连接跳线

步骤三　连接干路火线

如下图（左）所示，先将干路火线插入火线接口（L1）或（L2）中，然后和跳线一起拧紧。

步骤四　连接 4 根支路火线

如下图（右）所示，依次将 4 根支路火线插入火线接口（L11）、火线接口（L12）、火线接口（L21）和火线接口（L22）中，用十字螺丝刀拧紧。在实际操作过程中，可选择两种不同颜色的导线，以便于区分。

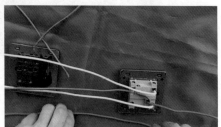

连接干路火线　　　　　　　　　　　连接 4 根支路火线

步骤五　4 根支路火线连接到另一个开关中

如下图（左）所示，将 4 根连接好的支路火线按照上述顺序依次插入另一个开关中，并用十字螺丝刀拧紧。

步骤六　连接照明接线端的支路火线

如下图（右）所示，开始接入连接照明接线端的支路火线。将 2 根支路火线依次插入火线接口（L1）和火线接口（L2）中，拧紧后再与照明接线端相连。

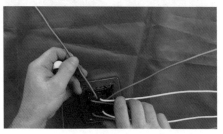

4 根支路火线连接到另一个开关中　　　　连接照明接线端的支路火线

步骤七　连接完成

如右图所示,开关接线完成后,用十字螺丝刀将所有的接线口再次铰紧,确保线路连接牢固。

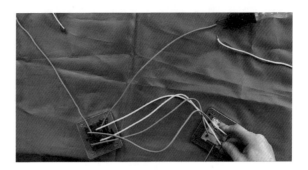

接线完成

四　插座接线

1. 五孔插座接线

如下图所示,准备 3 根导线,红色的为火线,绿色的为零线,黄色的为地线。将绿色的零线、黄色的地线和红色的火线按照顺序依次插入五孔插座接口,并用十字螺丝刀拧紧。连接完成后,依次拽动导线检查连接是否牢固,用十字螺丝刀再次铰紧。

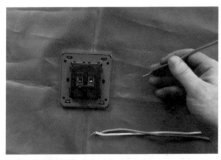

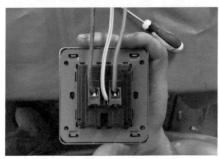

五孔插座接线

2. 九孔插座接线

如下图所示，准备3根导线，红色为火线，黄色为地线，绿色为零线；准备6根跳线，红色为火线，黄色为地线，蓝色为零线。然后按照九孔插座的火线、地线和零线接口，依次将导线接入其中，并用十字螺丝刀拧紧。九孔插座的接线细节需要注意的是，火线和零线一定要分开，避免太近导致电路串联、短路。而地线则可不用固定位置，连接在火线一端或零线一端都没有问题。

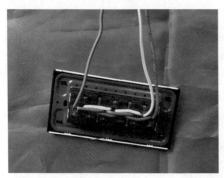

九孔插座接线

3. 带开关插座接线

步骤一 准备导线，连接跳线

如下图所示，准备3根导线，红色为火线，绿色为零线，黄色为地线。然后准备1根跳线，用于连接开关和插座。先连接跳线，将跳线折成"U"字形，两端铜芯分别插入开关火线（L1）和插座火线（L）中，并用十字螺丝刀拧紧。

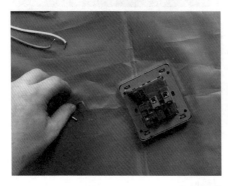

准备导线，连接跳线

步骤二　连接火线、地线和零线

如下图所示，先将火线插入开关火线（L），用十字螺丝刀拧紧。保持火线在跳线的上面，便于后续的电路接线。然后将地线插入地线接口，零线插入零线接口（N），用十字螺丝刀拧紧。

连接火线、地线和零线

步骤三　接线完成

下图是接线完成后开关背面和正面图，左侧的开关控制着右侧五孔插座的通电情况。

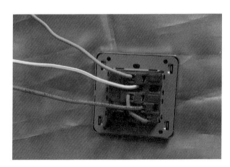 

接线完成

五　弱电接线

1. 电视线接线

步骤一　剥除绝缘层

如下图（左）所示，将电缆端头剥开绝缘层，露出的芯线长约 20mm，露出的金属网屏蔽线长约 30mm。

步骤二 接线

如下图（右）所示，将电缆横向从金属压片穿过，芯线接中心，屏蔽网用压片压紧，然后拧紧螺钉。

剥除绝缘层

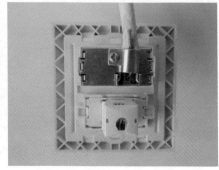
接线

步骤三 安装并固定暗盒

如下图所示，将电视插座安装到暗盒中，用螺丝刀将两侧的螺钉拧紧。将面板扣上，电视线接线完成。

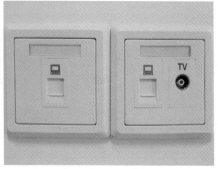

安装并固定暗盒

2. 电话线接线

步骤一 准备导线，连接跳线

如下图所示，先将电话线外层绝缘皮去掉 50mm，接着将 4 根线芯的绝缘皮去掉 20mm。然后将 4 根线芯按照盒上的接线示意连接到端子上，有卡槽的放入卡槽中固定好。电话插座经常挨着普通插座，因为彼此顶部要平行，中间不能留缝隙。

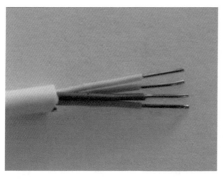 

准备导线，连接跳线

步骤二　安装并固定暗盒

如下图所示，将电话插座安装到暗盒中，用螺丝刀将两侧的螺钉拧紧。将面板扣上，电话线接线完成。

安装并固定暗盒

3. 网络线接线

步骤一　剥除塑料套，每两根一股插入色标中

如下图所示，将距离端头 20mm 处的网络线外层塑料套剥去，注意不要破坏线芯，将线芯散开。然后将网络线线芯按照色标分类，每 2 根线芯拧成一股。接下来插线，每孔插入 2 根线，色标下方有 4 个小方孔，分为 A、B 色标，一般用 B 色标。

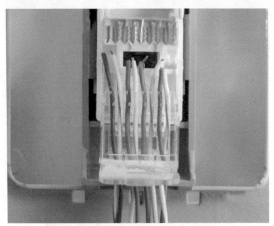

剥除塑料套，每两根一股插入色标中

步骤二　扣紧色标盖，检查色标与线芯的连接细节

如下图所示，线芯插入线槽后，用力将色标盖扣紧。接线完成后，检查色标与线芯的连接是否正确，若没有问题再安装到暗盒中。

扣紧色标盖，检查色标与线芯的连接细节

第十章

电路现场施工

电路现场施工从定位开始，需要将各项开关、插座的具体位置在墙面中标记出来，然后进行画线、开槽。在具体的现场施工中，电路的施工步骤并没有十分明确的规定，定位、画线与开槽通常是同时进行的，而敷设穿线管、穿线、管卡固定也是同时进行的，各个环节的施工是相结合进行的。

一 电路工艺流程

查看施工图纸，掌握不同电路的情况

根据图纸在墙面上画线

顺着线在墙面开槽，不同位置开槽深度不同

使用不同的部件，将穿线管连接成为一个整体

1. 电路定位　　2. 电路画线　　3. 电路开槽　　4. 穿线管加工

8. 封槽，检测　　7. 管卡固定　　6. 穿线　　5. 预敷设穿线管

将线槽用水泥砂浆封闭，而后对线路进行检测

导线在穿线管中穿好之后，将穿线管摆正，用管卡固定

使用工具辅助，将导线穿入穿线管中

将穿线管敷设到指定的位置

二 电路定位

　　电路定位是将室内原有的不合理的电路位置重新改造，规划到合适的位置。电路定位应充分照顾到室内的每一处空间、每一个角落，按照下列步骤进行，可提高效率，具体步骤如下。

步骤一　查看现场

（1）了解原有户型中所有的开关、插座以及灯具的位置，并对照电路布置图纸，确定需要改动的地方。

（2）如右图所示，初步定位时采用粉笔画线，并在上面标记出线路走向以及定位高度。

粉笔画线标记

步骤二　从入户门开始定位

从入户门开始定位，确定开关及灯具的位置，然后在需要的位置安排插座。

步骤三　客厅定位

（1）确定灯具和开关的线路走向，考虑双控开关安装位置。若餐厅为敞开式，与客厅连在一起，就将餐厅主灯开关与客厅主灯开关布设在一起。

（2）确定电视墙的位置，分布电视线、插座以及备用插座，并排分布在一条直线上；将电话线分布在沙发墙角几的一端，分布角几备用插座。

步骤四　餐厅定位

围绕餐桌分布备用插座。餐桌临墙，插座则设计在墙上，反之则设计为地插。面积较小的角落式餐厅，插座应设计在餐桌所靠的墙面上，开关则设计在靠近过道与厨房的位置；餐厅灯具线路和玄关、过道灯具线路要分开，不能布设在一起。

步骤五　卧室定位

（1）卧室开关需定位在门边，与门边保持 150mm 以上的距离，与地面保持 1200~1350mm 的距离；床头一侧需定位灯具双控开关，与地面保持 950~1100mm 左右的距离。

（2）卧室床头柜两侧，各安装两个插座，其中一侧预留电话线端口。

（3）卧室内的空调插座，应定位在侧边靠墙角的位置，或空调的正下方；卧室内的电视插座与电视线端口，应布置在床对侧墙面的中间，而不应靠近窗户；床头双控开关应安装在床头柜插座的正上方。

步骤六　书房定位

书房开关定位在门口，灯具定位在房间中央。插座多定位几个，分布在书桌周围。

步骤七　卫生间定位

卫生间灯具定位在干区的中央，浴霸、镜前灯等开关定位在门口，并设计防水罩。坐便器位置的侧边，需预留一个插座。洗手柜的内侧，需预留一个插座。

步骤八　厨房定位

厨房灯具定位在房间的中央，灯具开关定位在门口。插座多定位几个，分布在吊柜与地柜的中间。

步骤九　过道定位

长过道的灯具间距要保持一致，在过道两头设计双控开关。

三　电路画线

画线的重点在于将开关、插座、灯具以及弱电的端口用文字标记清楚，线路走向应画出来。在实际的画线过程中，可使用水平尺、86暗盒等工具辅助画线。画线的具体步骤如下。

步骤一　安装位置画线

如下图所示，在强电箱、开关、插座、网络线等端口处做文字标记。

强电箱画线

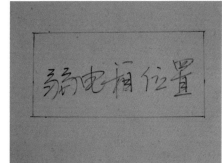

弱电箱画线

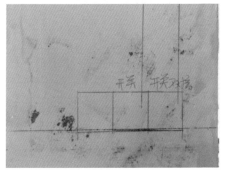

开关画线

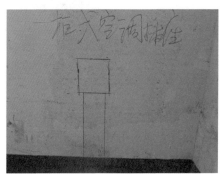

插座画线

步骤二　画出导线走向

如下图所示，当开关、插座、灯位以及弱电箱等端口确定后，画出导线的走向。墙面中的电路画线，只可竖向或横向，不可走斜线，尽量不要交叉；墙面导线走向地面衔接时，需保持线路平直，不可歪斜；地面下的电路画线，不能靠墙面太近，最好保持 300mm 以上的距离，可避免后期墙面木作施工时，对电路造成损坏。

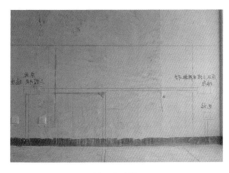

墙面画线

地面画线

四 线路开槽

步骤一 墙面开槽

（1）如下图所示，开槽机按照画线开竖槽，然后开横槽。开槽的顺序为从上到下、从左到右。开槽机开出的线槽要横平竖直，暗盒的位置按照画线处理为正方形。

开槽机切割

暗盒处理为正方形

（2）如下图所示，开槽机开好线槽后，使用冲击钻将线槽内的混凝土铲除。该方法可避免破坏线槽的侧边，使施工效果更好。

铲除槽内混凝土

（3）如下图所示，电视墙50管的开槽宽度是穿线管线槽的3倍。所有线路的开槽不可交叉，遇到交叉处，需转90°角避开；当遇到两个暗盒并联的情况时，应采用统一的开线槽。

电视墙开槽细节   多暗盒处开槽细节

步骤二　地面开槽

（1）如下图所示，开槽需严格按照画线标记进行，地面开槽的深度不可超过50mm。开槽过程中，可采用浇水的方式以减少灰尘。

地面线槽切割

（2）如下图所示，地面90°转角开槽的位置，需切割出一块三角形，以便于穿线管的弯管。

地面线槽的转角处理

五 电路布管

1. 穿线管加工

（1）穿线管的弯管

1）冷揻法（管径 ≤ 25mm 时使用）

断管：小管径的线管可使用剪管器，大管径的线管可使用钢锯断管，断口应锉平、铣光。

揻弯：如下图所示，将弯管弹簧插入 PVC 管需要揻弯处，两手抓牢管子两头，将 PVC 管顶在膝盖上，用手扳，逐步揻出所需弯度，然后抽出弯管弹簧。

弯管弹簧弯管

2）热揻法（管径 > 25mm 时使用）

加热线管：首先将弯管弹簧插入管内，用电炉或热风机对需要弯曲部位进行均匀加热，直到可以弯曲为止。

弯管：如下图所示，将管子的一端固定在平整的木板上，逐步揻出所需要的弯度，然后用湿布抹擦弯曲部位使其冷却定型。

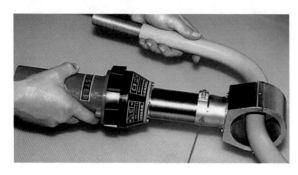

弯管

（2）直接配件的连接

1）如下图所示，准备一个直接接头，若穿线管为三分管，则准备三分管直接配件；若穿线管为四分管，则准备四分管直接配件。

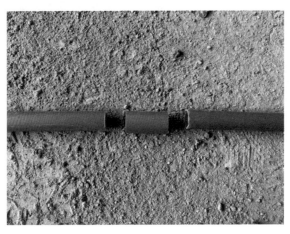

准备配件

2）如下图所示，将准备好的两根穿线管，各自插入直接的一段，拧紧即可。

连接穿线管

（3）绝缘胶带缠绕连接

1）准备一根长度为 100~150mm 的穿线管，用电工刀将穿线管豁开。

2）如下图所示，豁开的穿线管将需要连接的两根穿线管包裹起来，然后用黑胶带将豁开的穿线管缠绕起来。

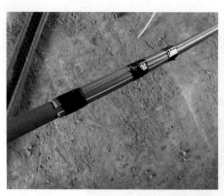 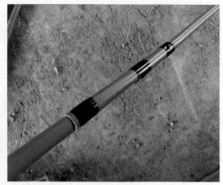

绝缘胶带缠绕连接

（4）四分管套三分管连接

1）准备 1 根四分管、1 根三分管，然后将 2 根穿线管的端口对齐摆放好。

2）如下图所示，将三分管插入四分管中，深度在 100~200mm 之间。若想要增强牢固度，可在三分管和四分管的接口处缠绕绝缘胶布，以防止穿线管移位。

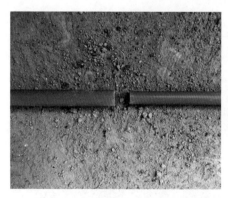 

四分管套三分管连接

（5）穿线管与暗盒连接

1）如下图所示，准备暗盒、锁扣、锁母以及穿线管。将暗盒上的圆片去掉，准备安装锁母。

2）如下图所示，将锁母安装到暗盒中，然后将锁扣与锁母拧紧。

3）如下图所示，将穿线管固定到锁扣中，安装牢固。

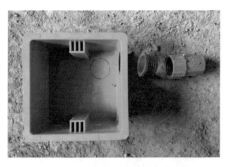

穿线管与暗盒连接（一）

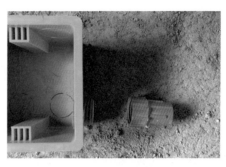

穿线管与暗盒连接（二）

穿线管与暗盒连接（三）

穿线管与暗盒连接（四）

2. 敷设穿线管

（1）敷设穿线管的要求

如右图所示，按合理的布局要求敷设穿线管，暗埋穿线管外壁距墙表面不得小于 30mm。

（2）弯管必须使用弯管弹簧

PVC 管弯曲时必须使用弯管弹簧，弯管后将弹簧拉出，弯曲半径不宜过小，在管中部弯曲时，在弹簧两端拴上铁丝，以便于拉动。

敷设穿线管

（3）弯管的安装

如下图所示，将弯管安装在墙地面的阴角衔接处。安装前，需反复地弯曲穿线管，以增强其柔软度。

安装弯管

（4）穿线管与暗盒、线槽、箱体的连接

如下图所示，穿线管与暗盒、线槽、箱体连接时，管口必须光滑，暗盒外侧应套锁母，内侧应装护口。

暗盒安装锁母、锁扣

（5）敷设穿线管注意事项

1）敷设穿线管时，直管段超过 30m、含有一个弯头的管段超过 20m、含有两个弯头的管段超过 15m、含有三个弯头的管段超过 8m 时，应加装暗盒。

2）如下图（左）所示，弱电与强电相交时，需包裹锡箔纸隔开，以起到防干扰效果。

3）如下图（右）所示，为了保证不因穿线管弯曲半径过小，而导致拉线困难，故穿线管弯曲半径应尽可能放大。穿线管弯曲时，半径不能小于管径的 6 倍。

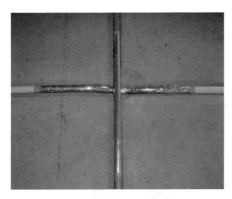 

弱电与强电相交处的处理　　　　　　　　穿线管的弯曲角度

4）如图所示，敷设穿线管排列应横平竖直，多管并列敷设的明管，管与管之间不得出现间隙，拐弯处也一样。

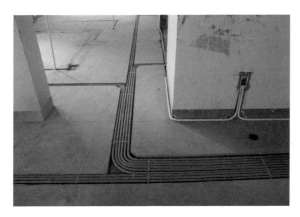

多管并列敷设

5）在水平方向敷设的多管（管径不一样的）并设线路，一般要求小规格线管靠左，依次排列，以每根管都平服为标准。

六 电路穿线

1. 穿线

步骤一　剥除导线的绝缘皮

准备好需要穿线的导线，去除导线的绝缘层，露出 100~200mm 左右的线芯。

步骤二　捆绑线芯

如下图所示，用电工钳将线芯向内弯曲成"U"字形，三股线并成一股，选择其中一根线芯将所有线芯捆绑在一起。

捆绑线芯

步骤三　穿线入管

如下图所示，将铁丝穿入线芯的圆孔中，并拧紧铁丝，以防止穿线的过程中脱落，然后将铁丝穿入穿线管。穿线完成后，将线芯端头剪掉即可。

穿线入管

2. 管卡固定

（1）地面管卡固定

如右图所示，地面采用暗管敷设时，应加固管夹，卡距不超过1m。需注意的是，在预埋地热管线的区域内严禁打眼固定。

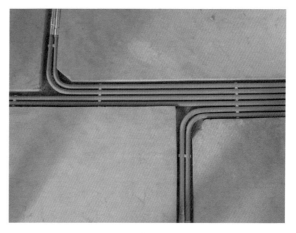

地面管卡固定

（2）墙面管卡固定

如下图（左）所示，墙面的管卡需要每隔 300~400mm 固定一个，在转弯处应增设管卡。

（3）顶面管卡固定

如下图（右）所示，顶面的管卡每隔 500~600mm 固定一个，接近线盒和穿线管端头的位置需要增设管卡。

墙面管卡固定

顶面管卡固定

七 电路检测

步骤一　测试插座

用电笔测试每个房间中的插座是否通电，若有不通电的应及时检修。

步骤二　做满负荷实验

开启所有电器，进行 24h 的满负荷实验，检测电路是否存在问题、空开是否经常跳闸。

步骤三　检查插座、开关位置

检查线路的走向是否符合自己的具体要求，所有的插座、开关位置是否正确。

步骤四　断电检查控制

拉下电表总闸，看室内是否断电，检查其是否能控制室内的灯具及室内各插座（总闸：商品房位于楼道内，别墅类独栋在室内）。

步骤五　检查电箱

如下图所示，电箱内的每个回路都应粘贴上对应的回路名称，例如卧室、厨房，若有进一步的细分也应标注。

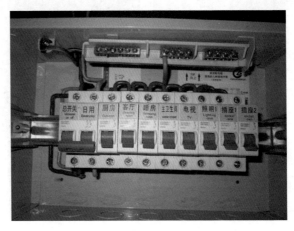

检查电箱

第十一章

智能家居系统施工

　　随着智能化的普及，智能家居系统在家居中的运用也越来越多，常见的如电动窗帘、智能照明等。智能家居系统施工是电路后期施工中较为重要的一个环节。在具体的智能家居施工中，需要先设置系统主机，然后通过预埋在墙面内的网络线，将不同的要求传达到各个终端，从而实现家居的智能化使用。

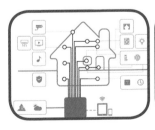

一 智能家居系统主机

智能家居系统主机可通过计算机和手机进行远程监控，若出现失火、失盗等情况，智能主机会第一时间通过短信告知主人，从而快速报警。智能家居主机采用国际通用 Z-Wave 协议，全部采用无线传输方式，安装方便快捷。

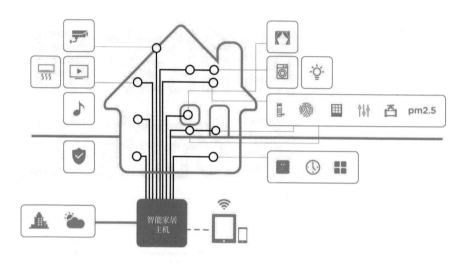

智能家居主机控制架构图

1. 智能家居主机的系统结构

（1）智能家居控制子系统

主机系统可以控制家用电器或其他设备的电源开关、温度调节、频道调节等，可以输出经过预设的各种设备的红外遥控码功能。这些功能使得对家用电器的智能控制非常方便。软件系统具有用户自编程功能，对家电设备的控制完全由用户来设定，如定时控制、触发控制等。这类功能不仅可通过计算机来控制，还可通过手机来控制。

（2）报警控制子系统

报警系统采用红外对射、红外幕帘、门磁、煤气、火警等探测器的报警信号，通过有线或无线的方式传送到智能家居主机，对这些信息进行分析后，如果是报警信号则立即发出报警信息。报警方式有警号鸣响、循环拨打电话、向服务器发送报警信号、向正在连接的计算机发送报警信号等。智能家居主机可接入 16 路有线报警信号与 32 路无线报警信号。

（3）视频监控子系统

智能家居主机可接入 4 路视频图像，其中 2 路还可以通过 2.4GHz 的无线接入。4 路图像可以设置 24 小时录像、触发录像以及远程控制录像，机内硬盘可以保存半个月以上的连续录像。保存的录像既可以在显示器或电视机中观看，也可以在手机上观看。

2. 智能家居主机安装要求

（1）需要一台电视机或监视器，也可以是显示器。
（2）需要一些报警探测器的连接件，可以使用 4 芯电话线代替。
（3）需要一路可以拨打市话的电话线。
（4）需要有 220V 电源，最好还有 UPS 等备用电源。
（5）主机需安装在通风、干燥、无阳光直射的室内环境中。

智能家居主机

3. 智能家居主机安装步骤

步骤一　安装硬件前面板

硬件前面板主要包括键盘和指示灯。键盘各键的功能随菜单的变化而变化。

步骤二　安装硬件后面板

硬件后面板包括各种接线端口，主要有 VGA 接口、视频接口、网络接口和电话接口等。

步骤三 安装摄像机

安装摄像机，连接视频线到视频输入接口，最多可接 4 路图像，其中，第一、第二路有无线和有线两种接入方式，可任意选择一种。

步骤四 安装有线探头、视频输出及无线探头

（1）安装并连接有线接入的各种探头。

（2）连接视频输出到电视机或监视器。

（3）安装无线接入的各种探头。若是单独购买的无线探头，需要先录入主机里，被主机识别认可后方可使用。

步骤五 安装智能家居无线控制开关

安装智能家居无线控制开关。若是单独购买的开关设备，需要先录入主机里，被主机识别认可后方可使用。

二 智能开关

单联、双联、三联智能接线

（1）单联智能开关接线

如下图所示，L 接入火线，单联智能开关只有一路（L1）输出。

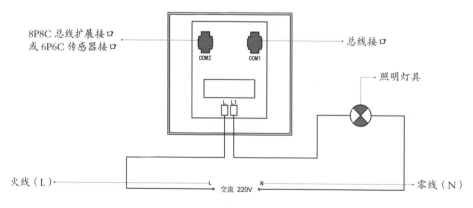

单联智能开关接线

（2）双联智能开关接线

如下图所示，L 接入火线，双联智能开关有两路（L1、L2）输出。

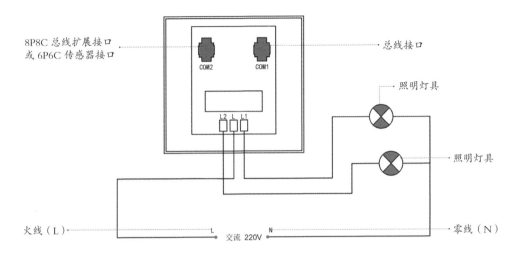

双联智能开关接线

（3）三联智能开关接线

如下图所示，L 接入火线，三联智能开关有三路（L1、L2、L3）输出。

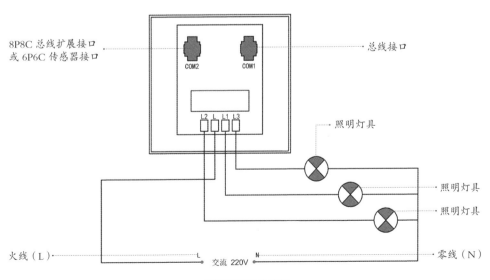

三联智能开关接线

三 多功能面板

1. 多功能面板的安装

步骤一　接线

要准确按多功能面板背部标识正确接线。接线端子与插座以颜色配对，传感器接口为橙色对橙色，总线接口为绿色对绿色。

步骤二　安装低压模块

安装低压模块前要先组装面板，然后用两个 M4×25 规格的螺钉，将低压模块安装并固定到墙面暗盒上。

步骤三　检测安装是否到位

检测面板组件是否安装到位，以听到磁铁吸合的声音为判断的标准。

多功能面板

步骤四　拔出纸板

纸板可按箭头方向拔出或插入面板侧面开槽（针对插纸型多功能面板）。

2. 多功能面板的接线

当多功能面板不带驱动模块时，多功能面板只需接入 COM1 通信总线即可。当相邻安装有其他智能设备时，可以通过总线扩展接口 COM2 连接到相邻智能设备的 COM1 接口上。若选购的多功能面板规格指明 COM2 为传感器接口（即 6P6C 接口），则不能作为通信总线扩展接口使用。

当多功能面板带驱动模块时，驱动模块可控制灯光、风扇、电控锁以及大功率设备等，具体接线方式有如下几种情况。

（1）单路驱动模块接线

如下图所示，L 接入火线，单路驱动模块只有一路（L1）输出。

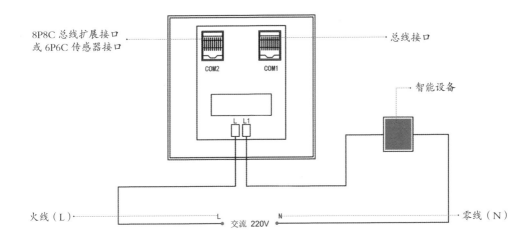

单路驱动模块接线

（2）双路驱动模块接线

如下图所示，多功能面板带双路驱动模块时，有两路（L1、L2）输出，L接入火线。

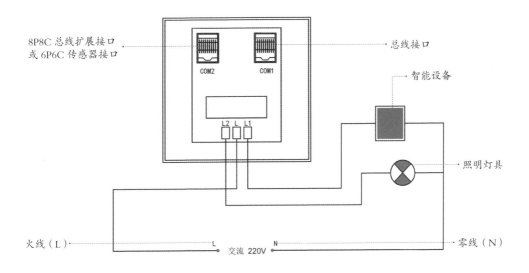

双路驱动模块接线

（3）三路驱动模块接线

如下图所示，多功能面板带三路驱动模块时，有三路（L1、L2、L3）输出，L接入火线。

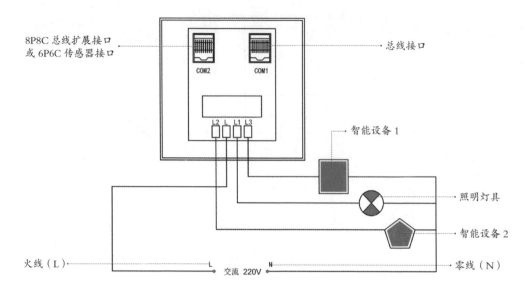

三路驱动模块接线

（4）四路驱动模块接线

如下图所示，多功能面板带四路驱动模块时，有四路（L1、L2、L3、L4）输出，L 接入火线。

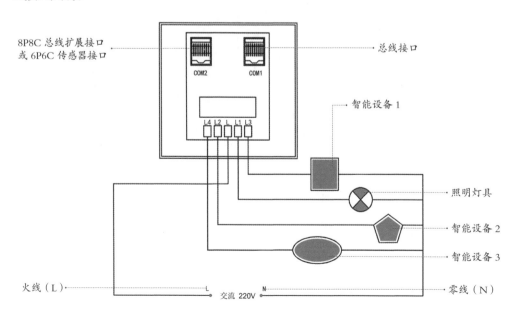

四路驱动模块接线

（5）控制超大功率设备的接线

如下图所示，当控制对象是大于 1000W 而小于 2000W 的大功率设备时，可选用智能插座控制；当控制对象为大于 2000W 的超大功率设备时，也可选用带继电器驱动模块的多功能面板驱动一个中间交流接触器，再由交流接触器转接驱动超大功率设备。

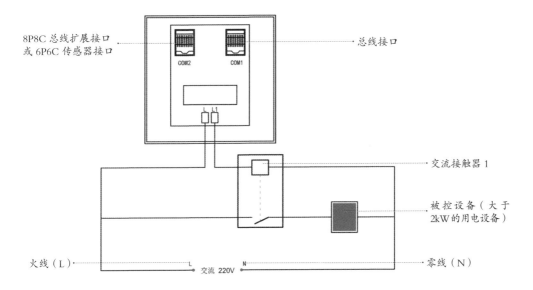

8P8C 总线扩展接口
或 6P6C 传感器接口

总线接口

COM2　COM1

交流接触器 1

被控设备（大于 2kW 的用电设备）

火线（L）

L　交流 220V　N

零线（N）

控制超大功率设备的接线

四 智能插座

智能插座是节约用电量的一种插座，对被控家用电器、办公电器电源实施定时控制开通和关闭。高档的节能插座不但节电，还能保护电器（具备清除电力垃圾的功能）。此外，节能插座还具有防雷击、防短路、防过载、防漏电、消除开关电源和电器连接时产生的电脉冲等功能。

智能插座

1. 智能插座的特点

（1）体积小，安装方便，可直接安装到 86 暗盒上。

（2）接收室内主控设备指令，实现对电器的遥控开关、定时开关、全开全关、延时关闭等功能。

（3）接收中心主控设备指令实现远程控制。

（4）主要用于控制电视机、音响、电饭煲、饮水机、热水器等电器设备。

（5）停电后再来电为关闭状态。

2. 智能插座的接线

智能插座的接线方式和传统插座的接线方式基本一致，不同的是，多出一个通信总线接口 COM。智能插座只有一个通信总线接口 COM（8P8C），将水晶头插入通信总线接口 COM 即可。

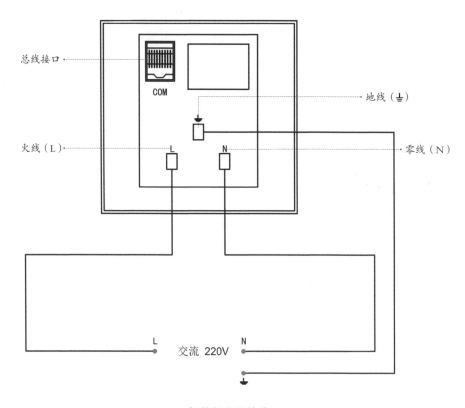

智能插座的接线

智能窗帘控制器

五 智能窗帘控制器

智能窗帘控制器可实现对窗帘的电动控制，控制器上有"开""关"两个按钮和一个"指示灯"。同时，智能窗帘控制器可实现远程控制，可利用智能手机等设备在远端控制窗帘的开合。

1. 智能窗帘控制器的特点

（1）体积小、安装方便，可直接安装在86暗盒上。

（2）可实现双重控制，能隔墙实施无线控制或使用面板上的触摸开关手动控制。

（3）停电后再来电，窗帘仍保持停电前的状态。

（4）具备校准功能，适合不同宽度（小于12m）的窗帘。

2. 智能窗帘控制器的接线

L输入电压为电动窗帘的交流电源输入端（火线），L1、L2分别为电动窗帘的左右或上下开闭输出控制端，若电动机转向相反，则将L1、L2接线端对调即可；电动机的公共端（N）接零线；COM1接入通信总线。

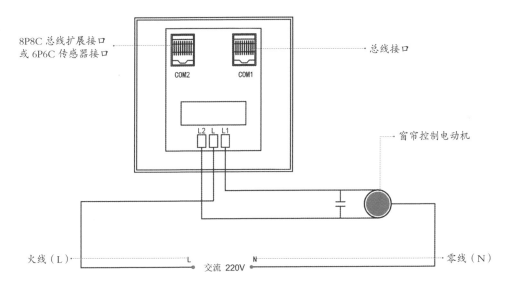

智能窗帘控制器的接线

六 智能报警器

1. 无线红外报警器

无线红外报警器由红外探头和 V8 无线收发模块组成。无线红外报警器留有 12V（红色线）和地线（黑色线）两条电源线，只需要外给供 DC+12V 电源即可。

（1）配置调试

1）进入注册模式。按下 V8 无线收发模块上的按钮，则 V8 无线收发模块上的 LED 灯每 1s 会闪烁 1 次。

无线红外报警器

2）注册系统标识码。使用主控设备（如中控主机或智能手持控制器）进行注册系统标识码的操作，注册成功后，LED 灯每 3s 会闪烁 1 次（正常状态）。

3）再次进入注册模式。按下 V8 无线收发模块上的按钮，则 V8 无线收发模块上的 LED 灯每 1s 会闪烁 1 次。

4）注册单元码。使用主控设备（如中控主机或智能手持控制器）进行注册系统单元码的操作，注册成功后，LED 灯每 3s 会闪烁 1 次（正常状态）。

5）注册完成后即可正常工作。

（2）使用方法

只需要注册到中控主机上就可以正常工作，无线红外报警器支持布防、撤防操作。在布防状态下，报警触发则会发出报警信号。报警时，V8 无线收发模块上的 LED 灯快速闪烁。

2. 无线瓦斯报警器

无线瓦斯报警器是工程上的俗称，其学名为 CH4 报警器、燃气探测器、可燃气体探测器等。无线瓦斯报警器的主要作用是探测可燃气体是否泄漏。可探测的燃气包括液化石油气、人工煤气、天然气、甲烷、丙烷等。

无线瓦斯报警器

（1）**功能特点**

1）具有传感器漂移自动补偿功能，真正防止误报和漏报。

2）报警器故障提示功能，以便于用户更换或维修，防止报警器在用户不知情的情况下出现故障。

3）MCU 全程控制，工作温度—10~60℃。

4）附加功能包括联动排气扇、联机械手、电磁阀。

（2）**安装要求**

1）报警器的安装高度一般为 1600~1700mm，以便于维修人员进行日常维护。

2）报警器是声光仪表，有声、光显示功能，应安装在易被人看到和听到的地方，以便及时消除隐患。

3）报警器的周围不能有对仪表工作有影响的强电磁场，如大功率电机或变压器等。

4）被探测气体的密度不同，室内探头的安装位置也应不同。被测气体密度小于空气密度时，探头应安装在距吊顶不少于 300mm 处，方向向下；反之，探头应安装在距地面不少于 300mm 处，方向向上。

3. 无线紧急按钮

无线紧急按钮配合智能家居系统的主控设备，实现了在紧急情况下发出紧急报警信号，中控主机针对处理的报警信号向警务管理中心求助。

无线紧急按钮

（1）**功能特点**

1）体积小，安装方便，可以直接安装在 86 暗盒内。

2）低功率、低电耗，两节 7 号碱性电池可以使用 2 年；有欠电压指示功能，便于及时更换电池。

3）适用于家庭居室、酒店客房等环境。

（2）**配置调试**

1）强制。将功能开关拨到"强制"位置，进入 1、2 路强制布防工作状态，不处理主控机的撤防指令。

2）注册 1。将功能开关拨到"设置 1"位置，进入注册 1 路模式，主控设备即进行注册操作，指示灯 1 每秒闪烁 2 次。

3）注册 2。将功能开关拨到"设置 2"位置，进入注册 2 路模式，主控设备即进行注册操作，指示灯 2 每秒闪烁 2 次。

4）正常。将功能开关拨到"正常"位置后，无线紧急按钮进入正常工作模式。

七 电话远程控制器

电话远程控制器是通过远程电话语音提示来控制远程电器的电源开关，具有工作稳定、控制可靠的特点，其分为两个部分：主控器和分控器。主控器通过外线电话拨入，通过语音提示、密码输入，验明主人身份后进入受控状态；分控器通过地址方式接收来自主控器的信号，并进行电器的通断操作。

电话远程控制器

1. 远程操作方式

（1）用手机或固定电话拨通与电话远程控制器相连接的电话。响铃五次后将出现提示音"请输入密码"；通过手机或固定电话上的键盘输入六位密码，按"#"号键结束。

（2）接着又出现提示音"请输入设备号"（指 1、2、3 三个电源插座上的电器设备），如操作 1 插座上的设备就输入"1#"，同样地，2、3 上的插座就拨"2#""3#"。

（3）出现提示音"0 通电、1 断电、2 查询"。按"0"该插座通电，同时相应的指示灯亮；按"1"原通电状态将断电，同时指示灯熄灭；按"2"语音会提示该插座目前是"通电状态"或"断电状态"。

（4）如果操作正确无误，就会听到"操作成功"的语音提示，并出现"请输入设备号"的新一轮语音提示，以便继续操作。

2. 本地操作方式

（1）将电话摘机。

（2）按一下电话远程控制器右侧的本控按钮，听到提示音"请输入设备号"；输入"1#""2#""3#"，听到提示音"0 通电、1 断电、2 查询"；输入"0"或"1"或"2"，操作三个设备的通、断电状态，同时会看到指示灯的亮、灭，以判断相应的插座是通电状态还是断电状态。

（3）操作结束后，将听到提示音"请输入设备号"以进行下一轮操作，直到操作完全结束。

八 集中驱动器

集中驱动器属于系统中可选择安装的集中驱动单元，便于将灯光、电器的电源集中布线安装和日后维修。集中驱动器适用于实施布线管理的小区别墅、单元式住宅以及娱乐场所等。其中，最常见的用途是和灯光场景触摸开关配合使用，构成智能灯光场景群控效果。

集中驱动器

集中驱动器的安装接线

集中驱动器采用标准卡轨式安装，每个可提供 4~6 路驱动输出，驱动对象包括灯光、中央空调、电控锁、电动窗帘、新风系统、地暖等。集中驱动器还具有三路或六路干接点输入接口，可以接入任何第三方普通开关面板，使普通开关面板发挥智能控制面板的功效。同时，集中驱动器还具有输出旁路应急手动操作和产品故障自诊断指示功能。

集中驱动器通过通信总线接受多功能面板的控制，使得多功能面板无须带高压驱动模块，只需通过管理软件来定义多功能面板各界面的控制对象即可，实现面板操作和高压驱动的完全分离。

面对不同的驱动对象，集中驱动器的具体接线如下。

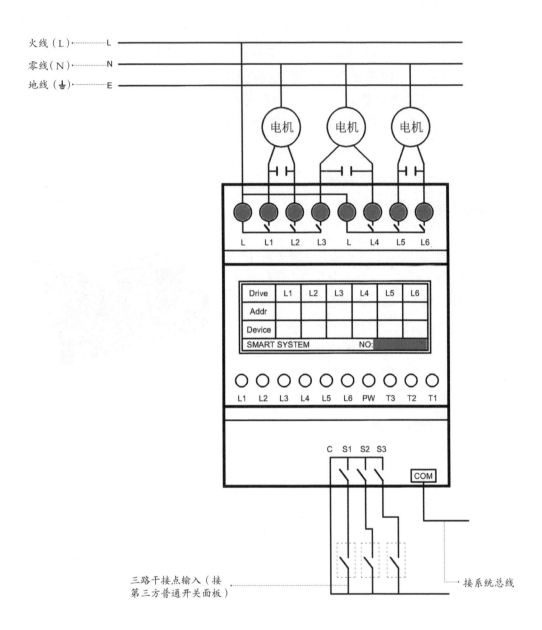

六路集中驱动器控制电动窗帘时的接线

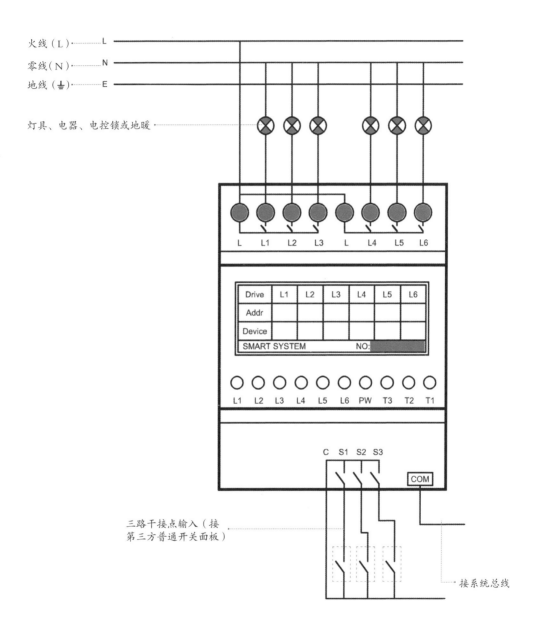

火线（L）········· L

零线（N）········· N

地线（⏚）········· E

灯具、电器、电控锁或地暖 ·········

Drive	L1	L2	L3	L4	L5	L6
Addr						
Device						

SMART SYSTEM　　　　NO:

L1　L2　L3　L4　L5　L6　PW　T3　T2　T1

C　S1　S2　S3

COM

三路干接点输入（接
第三方普通开关面板）

接系统总线

六路集中驱动器控制灯具、电器、电控锁或地暖时的接线

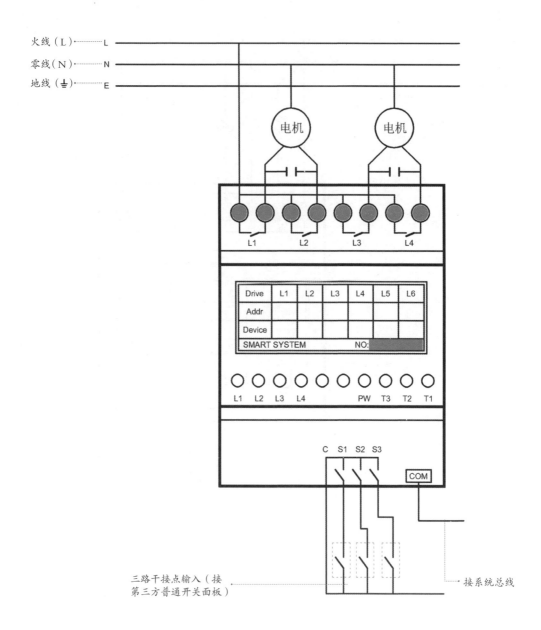

火线（L）
零线（N）
地线（⏚）

电机   电机

L1   L2   L3   L4

Drive	L1	L2	L3	L4	L5	L6
Addr						
Device						

SMART SYSTEM   NO:

L1 L2 L3 L4   PW T3 T2 T1

C S1 S2 S3   COM

三路干接点输入（接
第三方普通开关面板）

接系统总线

六路集中驱动器控制中央空调时的接线

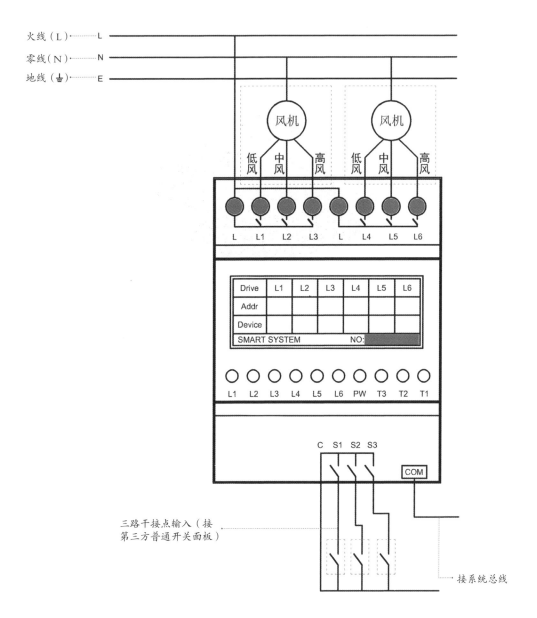

六路集中驱动器控制新风系统时的接线

九 智能转发器

智能转发器（无线红外转发器）可将 ZigBee（一种短距离、低功耗的无线通信技术）无线信号与红外无线信号关联起来，通过移动智能终端来控制任何使用红外遥控器的设备，如电视机、空调、电动窗帘等。

智能转发器

智能转发器一般安装在顶面，也可以采用壁挂式安装。如果安装的是集成人体移动感应探头的双功能或三功能智能转发器，就要遵循以下原则。

（1）应安装在便于检测人活动的地方，探测范围内不得有屏障、大型盆景或其他隔离物。

（2）安装位置距离地面应保持在 2~2.2m 之间。

（3）远离空调器、电冰箱、电火炉等空气温度变化敏感的地方。

（4）安装位置不要直对窗口，以免受到窗外热气流的扰动、瞬间强光照射以及人员走动引起误报。

（5）安装在顶面的智能转发器和家电设备（如电视机、音响等设备）的红外接头不能垂直，至少呈 45°夹角，否则可能无法控制家电设备。

第十二章
电路安装施工

　　电路安装施工包括电箱、开关、插座及各种用电设备，前三者与电路改造同时进行，而用电设备则通常需要等到室内其他工种均施工完毕后，才开始安装。但无论何时安装，均须注意在具体的安装过程中，对于开关插座、灯具、电器等设备的固定要谨慎小心，不可破坏已经施工好的项目，同时要保证电器固定牢固。

一 配电箱的安装

1. 强电箱安装

步骤一 定位画线、剔出洞口

（1）根据预装高度与宽度定位画线。

（2）如下图所示，用工具剔出强电箱的安装洞口，敷设管线。

步骤二 稳埋强电箱

如下图所示，将强电箱箱体放入预埋的洞口中稳埋。

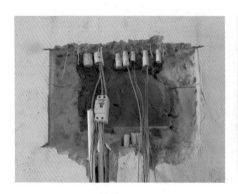

剔出洞口

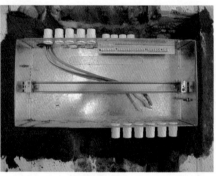

稳埋强电箱

步骤三 接线、检测

（1）如下图（左）所示，将线路引进电箱内，安装断路器并接线。

（2）如下图（右）所示，检测电路，安装面板，并标明每个回路的名称。

接线、安装断路器

检测电路

2. 弱电箱安装

步骤一 定位画线、剔出洞口

（1）根据预装高度与宽度定位画线。

（2）如下图（左）所示，用工具剔出弱电箱的安装洞口，敷设管线。

步骤二 稳埋弱电箱

如下图（右）所示，将弱电箱箱体放入预埋的洞口中稳埋。

剔出洞口   稳埋弱电箱

步骤三 压接插头、安装模块

（1）根据线路的用处不同压制相应的插头。

（2）测试线路是否畅通。

（3）如下图所示，安装模块条、安装面板。

安装模块条

二 开关、插座的安装

1. 暗盒预埋施工

步骤一　预埋线盒、敷设管线

（1）如下图所示，按照稳埋盒、箱的正确方式将线盒预埋到位。

（2）管线按照布管与走线的正确方式敷设到位。

预埋线盒

步骤二　清洁线盒和导线

用錾子轻轻地将盒内残存的灰块剔掉，同时将其他杂物一并清出盒外，再用湿布将盒内灰尘擦净。如导线上有污物也应一起清理干净。

步骤三　接线

如下图所示，先将盒内甩出的导线留出 15~20cm 的维修长度，剥去绝缘层，注意不要破坏线芯，如开关、插座内为接线柱，将导线按顺时针方向盘绕在开关、插座对应的接线柱上，然后旋紧压头。

接线

2. 开关面板安装

步骤一　理线、盘线

（1）如下图（左）所示，理顺盒内导线，当一个暗盒内有多根导线时，导线不可凌乱，应彼此区分开。

（2）如下图（右）所示，将盒内导线盘成圆圈，放置于开关盒内。

（3）电线的端头需缠绝缘胶布或安装保护盖，暗藏在暗盒内，不可外露。

理顺盒内导线　　　　　　　　　　　　　　盘线

步骤二　接线、安装面板

（1）准备安装开关前，用锤子清理边框。

（2）如下图（左）所示，将火线、零线等按照标准连接在开关上。

（3）水平尺找平，及时调整开关的水平度。

（4）如下图（右）所示，用螺丝钉固定开关，盖上装饰面板。螺丝拧紧的过程中，需不断调整开关的水平度，最后盖上面板。

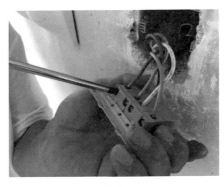

接线　　　　　　　　　　　　　　　　安装面板

3. 插座面板安装

插座安装有横装和竖装两种方法。横装时，面对插座，右极接火线，左极接零线。竖装时，面对插座，上极接火线，下极接零线。单相三孔及三相四孔的接地或接零线均应在上方。具体安装步骤如下。

步骤一　接线

如下图所示，火线、零线以及地线按照插座背板正确连接，并拧紧导线与开关的固定点。

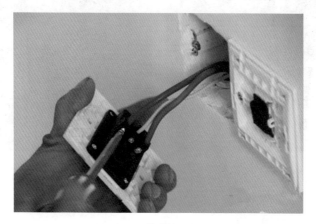

接线

步骤二　安装面板

如下图所示，用螺丝拧紧插座面板，并及时调整水平度。

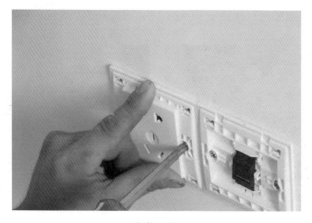

安装面板

三 组装灯具的安装

组装灯具主要指吊顶、吸顶灯等大型灯具，在安装之初，需要按照说明书将灯具组装起来，然后开始安装。其具体安装步骤如下。

步骤一　安装底座固定件

如下图所示，对照灯具底座画好安装孔的位置，打出尼龙栓塞孔，装入栓塞。将固定件安装到位。

安装底座固定件

步骤二　接线

如下图所示，将接线盒内电源线穿出灯具底座，用线卡或尼龙扎带固定导线以避开灯泡发热区。

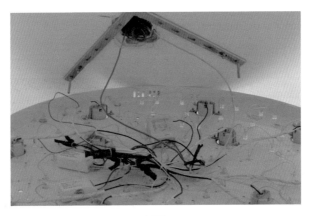

接线

步骤三　安装底座

如下图所示，用螺钉固定好底座。

安装底座

步骤四　安装灯泡

如下图所示，先安装灯泡。安装完成后，对灯泡进行检测，看能否正常照明。

安装灯泡　　　　　　　　　　　测试灯泡

步骤五　安装灯罩

如下图所示，按照说明书安装灯罩。

安装灯罩

四 筒灯、射灯的安装

步骤一 定位、开孔

如下图（左）所示，按照筒灯（射灯）的安装位置做好定位，而后用开孔器在吊顶上钻孔。

步骤二 接线

如下图（右）所示，将导线上的绝缘胶布撕开，并与筒灯（射灯）相连接。

开孔   接线

步骤三 安装筒灯（射灯）

（1）如图所示，将筒灯（射灯）安装到吊顶上，并按进去。

（2）开合筒灯（射灯）的控制开关，测试筒灯（射灯）照明是否正常。

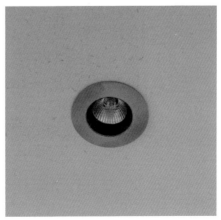

将筒灯安装进吊顶内

五 暗藏灯带的安装

步骤一 连接电源线与接线端子

如下图所示，将吊顶内引出的电源线与灯具电源线的接线端子进行可靠连接。

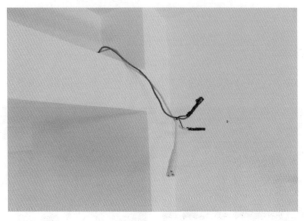

连接电源线与接线端子

步骤二 将灯具电源插入灯具接口

如下图所示，将灯具电源线插入灯具接口。

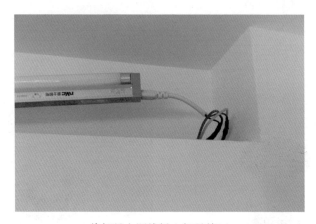

将灯具电源线插入灯具接口

步骤三 固定灯带

如下图所示，将灯具推入安装孔或者用固定带固定。

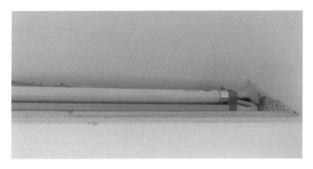

固定灯带

步骤四　调整灯具边框

如下图所示，调整灯具边框。

调整灯具边框

步骤五　测试

如下图所示，安装完成后开灯测试。

开灯测试

六 浴霸的安装

步骤一　确定通风孔

在墙上确定好浴霸通风孔的位置，最好是在吊顶的上方，比出风口略微低一些的位置，这样可以防止通风管里的水倒流。

步骤二　安装通风管

将通风管的一端套到通风窗上，而后将另一端从墙壁外延的通气窗稳固在外墙出风口处，然后用调好的水泥填补通风孔和通风管之间的缝隙；浴霸的中心位置到通风孔的距离要在 1.3m 以内，因为大部分通风管的长度是 1.5m。

步骤三　确定浴霸的安装位置、留孔

（1）浴霸的位置最好距离地面高度在 2.1m~2.3m 之间，还必须注意的是，尽可能将浴霸的灯光集中在人们的背部，这样可以更好地防止洗浴时着凉。

（2）如下图所示，根据浴霸的尺寸，在吊顶上开孔，一般，浴霸的开孔为 300×300mm 或 300×400mm。若用 300×300mm 或 300×600mm 的铝扣板吊顶，留一片 300×300mm 的区域不安装扣板就可以了。条形铝条板，在安装扣板的时候宜直接预留浴霸孔。

吊顶预留安装孔

步骤四　开箱，测试浴霸的功能是否正常

（1）打开包装箱，检查配件是否齐全。

（2）如下图所示，将浴霸的开关接到浴霸上，测试浴霸各项功能是否正常。

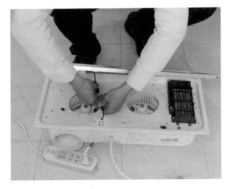

测试浴霸功能

（3）如下图所示，若无问题，取下浴霸的面罩，打开接线盒，拆除试机线、开关底盒和试机插头。

（4）如下图所示，根据浴霸上的线路指示图对应接线，盖上接线盒，准备安装。

拆除试机线

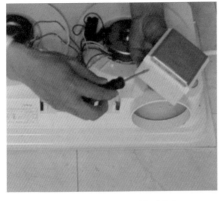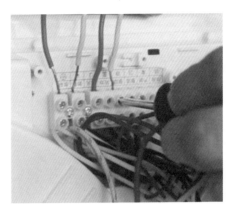

拆除开关底盒和试机插头　　　　　　　　　　接线

步骤五　安装卡扣和排气管

（1）如下图（左）所示，在浴霸的四个角上安装卡扣。

（2）如下图（右）所示，用抱箍将排气管固定在浴霸主体上。

安装卡扣　　　　　　　　　　　　　固定排气管

步骤六　浴霸就位

（1）将浴霸举到顶部，使排气管与顶面预留的通风管对接。

（2）如下图所示，将浴霸上的电线与顶部预留的浴霸安装电线接好，并缠好绝缘胶布。

（3）如下图所示，将浴霸挂到吊顶中的龙骨上，使浴霸上的卡扣与金属龙骨卡牢（若与龙骨的尺寸不符，则需先制作安装框用来固定浴霸）。

接线　　　　　　　　　　　　　将浴霸放到龙骨上

使浴霸的卡扣扣在龙骨上

步骤七　安装面板

如下图所示，将浴霸面板上的连接线与浴霸主体对接并插接牢固，将面板卡到龙骨上。

安装面板

步骤八　开关接线

如下图所示，将开关与墙面上预留的控制浴霸的电线接通，而后将开关面板安装牢固。对浴霸的各项功能进行测试，检查开关的控制情况。

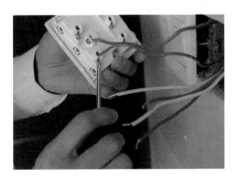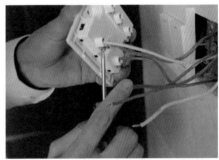

开关接线

测试功能

七 挂式空调的安装

步骤一 连接内、外机的铜管

（1）如图所示，将外机的铜管拆开顺直，根据位置调整好输出、输入管方向或位置，并在内机的安装方向上做好开口。

（2）如图所示，调整内机铜管的方向，拆除内机铜管堵头，将内机和外机的铜管连接起来，连管时先连接低压管，后连接高压管，用手将连接螺母拧到螺栓底部，再用两个扳手固定、拧紧。而后用胶带将外部缠牢固。

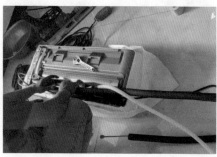

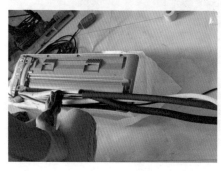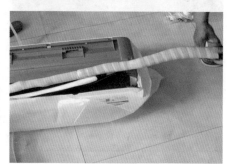

连接内、外机的铜管

步骤二 固定室内机的安装板

（1）将内机背面的安装板取下，将安装板放在预先选择好的安装位置上，此时应保持水平并留足到顶棚及左右墙壁的距离，确定打固定墙板孔的位置。

（2）如图所示，用 $\phi 6$ 钻头的电锤打好固定孔后插入塑料胀管，用自攻螺钉将安装板固定在墙壁上。固定孔不得少于 4~6 个，并且用水平仪确定安装板的水平度。

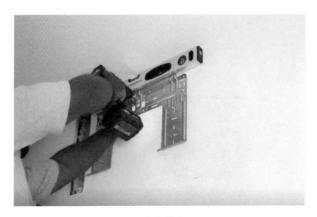

固定安装板

步骤三 打过墙孔

如图所示，根据机器型号选择钻头，使用电锤或水钻打过墙孔。打孔时应尽量避开墙内外的电线、异物及过硬墙壁，孔内侧应高于外侧 5~10mm，从室内机侧面出管的过墙孔应该略低于室内机下侧。

打过墙孔

步骤四 固定空调室内机

如下图所示，将包扎好的管道及连接线穿过过墙孔。而后将空调室内机的箱体挂到墙面的安装板上，需保证空调箱体卡扣入槽，用手晃动时，上、下、左、右均不晃动，用水平仪测量内机是否水平。

固定空调室内机

步骤五　安装空调外机

如下图所示，在外墙上打眼，用膨胀螺栓固定好外机的挂件，而后将外机挂到挂件上，保证足够牢固，而后连接管线，对内机进行测试。

安装空调外机

八 壁挂电视机的安装

步骤一 确定电视机安装位置

如图所示，在墙面上确定电视机的安装位置，并做出标记。一般电视机的中心点离地 1300mm 左右。根据安装位置的要求，确认在安装面上操作的部位没有埋藏水、电、气等管线。

确定电视机安装位置

步骤二 固定挂件

如下图所示，在配件中找到合适的螺丝型号，用螺丝将电视机挂件固定在电视机的背面，使其安装牢固。若电视机是直接用螺丝固定在壁挂架上的，则无须安装挂件。

固定挂件

步骤三　组装壁挂架并固定到墙面上

（1）根据壁挂架组装说明书，组装好壁挂架。

（2）如下图所示，根据壁挂架的尺寸，在电视机的安装位置上标记出挂架安装孔位，若有辅助安装的纸板，则可直接利用纸板，固定纸板时，需使用水平仪辅助。然后在标记处钻孔。

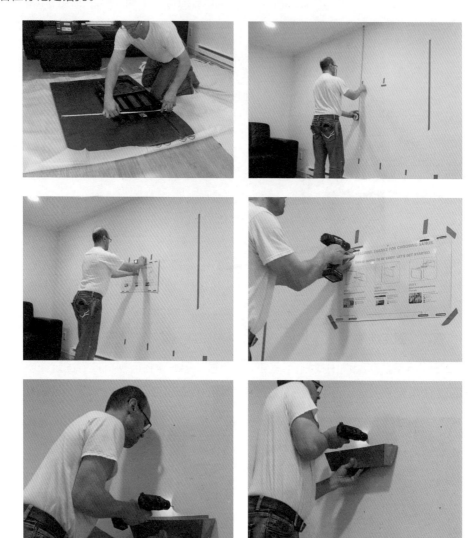

壁挂架墙面定位并打眼

（3）如下图所示，接着用螺丝钉等固定壁挂架。这一步仍然需要使用水平仪来辅助，以保证壁挂架水平。

固定壁挂架

步骤四　固定电视机

如下图所示，将电视机挂到墙壁上的壁挂架上，若壁挂架可旋转，则应试一下能否正常旋转。

固定电视机

九 储水式热水器的安装

步骤一 测量热水器的尺寸及安装挂件的距离

如下图所示，测量热水器的尺寸，以及热水器安装挂件的间距。

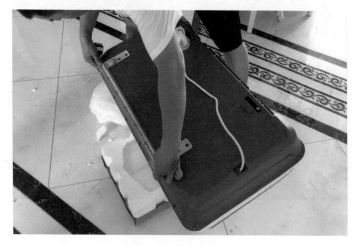

测量热水器的尺寸

步骤二 测量给水管端口到顶面的距离

如下图所示，测量待安装墙面上给水管端口到顶面的距离，确定热水器安装位置。

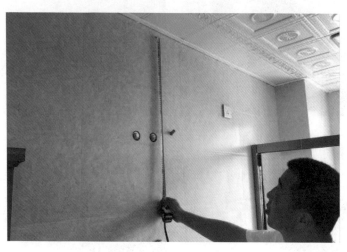

测量给水管端口到顶面的距离

步骤三　标记开孔位置

如下图所示，用卷尺在墙面上测量出开孔的位置和彼此间距，并用铅笔做记号。

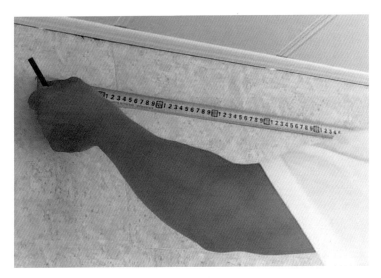

标记开孔位置

步骤四　打眼

如下图所示，用冲击钻打眼，将膨胀螺栓固定到墙体中。

打眼

211

步骤五　安装挂钩

如下图所示，将热水器挂钩嵌入膨胀螺栓中，保持挂钩位置向上。

步骤六　悬挂热水器

如下图所示，将热水器挂到挂钩上，调整热水器的水平度。

安装挂钩

悬挂热水器

步骤七　出水口缠生料带

如下图所示，在热水器的出水端口上缠生料带，在冷水进水口位置上安装安全阀。生料带的作用是防止安全阀与连接处漏水。

缠生料带

安装安全阀

步骤八　安装角阀，连接软管

如下图所示，在给水管端口上安装角阀，然后连接软管。角阀出水端口需对准软管的连接方向。

安装角阀

连接软管

连接完成

步骤九　插电测试

如右图所示，热水器安装完成后，插上电源，测试水温并检查是否有漏水现象。

插电测试

✚ 吸油烟机的安装

步骤一　测量墙面尺寸，确定安装位置

如下图所示，测量待安装墙面尺寸，确定吸油烟机的安装高度。一般情况下，吸油烟机的底部距离橱柜台面 650~750mm。

测量墙面尺寸

步骤二　挂件找平，做标记

如下图所示，将吸油烟机挂件放到墙面上，找好水平，而后用铅笔标记出需要钻眼的位置。

挂件找平，做标记

步骤三　固定挂件

如下图所示，在做好标记的位置用冲击钻打眼，安装膨胀螺栓，将吸油烟机挂件固定好后，用螺丝钉拧紧。

固定挂件

步骤四　安装排烟管道

如下图所示，安装吸油烟机的排烟管道，将排烟管道固定到吸油烟机中，并用吸油烟机专用胶带密封。

安装排烟管道

步骤五 固定吸油烟机

（1）如下图所示，将吸油烟机悬挂到墙面上，与挂件连接，用手晃动机体，确认牢固度。

固定吸油烟机

（2）如下图所示，将排烟管固定到公共排烟道的出口上，用卡箍箍紧接头并打上胶。

连接排烟管至公共排烟道的出口 　　　　　　　打玻璃胶

（3）如下图所示，安装油杯等配件，而后对吸油烟机进行通电测试。

安装油杯等配件 　　　　　　　　　通电检测